Uwe Andreas Michelsen

Aufgabenanalyse

Schwierigkeitsgrad, Trennschärfe und Distraktorenqualität

Verlag und Druck: tredition GmbH, Halenreihe 40-44, 22359 Hamburg

ISBN

978-3-7482-8295-2 (Paperback)

978-3-7482-8296-9 (Hardcover)

978-3-7482-8297-6 (e-Book)

Meinem Doktorvater

Prof. Dr. Joachim Münch

zum 100. Geburtstag

am 20.09.2019

Inhalt

Vorwort

Eine vollständige Aufgabenanalyse umfasst den Schwierigkeitsgrad, die Trennschärfe und - wenn es sich um Mehrfachwahlaufgaben handelt - eine Distraktorenanalyse der gestellten Aufgaben.

Der Schwierigkeitsgrad einer Aufgabe entspricht dem Anteil der Personen, die diese Aufgabe richtig lösen. Früher wurde dieser Wert daher auch Popularitätsindex genannt. Die eigentliche Schwierigkeit einer Aufgabe nämlich beantwortet die Frage, wie groß der Anteil der Teilnehmer eines Tests ist, der eine Aufgabe falsch oder gar nicht gelöst hat.

Zur Berechnung des Schwierigkeitsgrades wird sowohl auf zweistufige Antworten und deren Dichotomisierung der Item–Scores mit 0 und 1 – wie z. B. stimmt/stimmt nicht oder richtig/falsch – als auch auf Möglichkeiten der Berücksichtigung von Teillösungen und der ihnen entspre-chenden Teilpunktzahlen eingegangen.

Besonderer Wert wird auf den Vergleich des empirischen mit dem vermuteten Schwierigkeitsgrad gelegt, wobei der für die Lösung einer Aufgabe vergebene Punktwert Grund-lage zur Berechnung des vermuteten Schwierigkeitsgra-des ist. Berechnet wird auch der Punktwert, der eigentlich hätte vergeben werden müssen, wenn die Vergabe der maximalen Punktwerte einer Aufgabe propoı empirisch sich ergebenden Schwierigkeit einer Aufgabe erfolgt wäre, was pädagogisch wünschenswert ist und beim zukünftigen Einsatz dieser Aufgabe berücksichtigt werden sollte. Aus dem empirischen und dem vermuteten Schwierigkeitsgrad wird schließlich ein Wert ΔP als Maß der Über- und Unterschätzung des Schwierigkeitsgrades berechnet. Positive Werte stehen für eine Überschätzung, negative Werte für eine Unterschätzung des Schwierigkeitsgrades. Dieses Verfahren zum Prüfen der Punktwertvergabe für eine Abfolge von Aufgaben kann auf die Lösungssequenzen einer einzigen Aufgabe übertragen werden.

Die ΔP – Werte geben pädagogisch wertvolle Hinweise darauf, welcher der vorher gelehrten Inhalte – zum Beispiel das Finden eines Lösungsansatzes – erneut behandelt, nochmals erklärt, wiederholt oder intensiv geübt werden sollte.

Das Vorgehen bei der Berechnung von ΔP wird tabellarisch aufgelistet und anhand eines Beispiels aus der Praxis ausführlich erläutert.

Zur Beurteilung der Qualität einer Testaufgabe muss zusätzlich zum Schwierigkeitsgrad auch deren Trennschärfe bestimmt werden. Allgemein gilt eine Testaufgabe als trennscharf, wenn kompetente Probanden sie lösen bzw. möglichst viele Kriterien erfüllen, inkompetente Probanden hingegen nicht. Der Trennschärfekoeffizient wird berechnet mit der punktbiserialen Korrelation als „part-whole-Korrektur" zwischen den Ergebnissen einer Aufgabe und dem

Ergebnis im gesamten Test ohne diese Aufgabe. Zuweilen wird die Berechnung des punktbiserialen Korrelationskoeffizienten als recht umständlich und aufwendig bezeichnet. Dem wird im Rahmen dieser Arbeit mit Hilfe eines Formulares abgeholfen, in dem u.a. eine deutlich einfachere und dennoch korrekte Berechnung der Standardabweichung vorgeschlagen wird.

Darüber hinaus werden vier weitere Möglichkeiten der Trennschärfeberechnung behandelt: Das Vorgehen nach Stanley und Hopkins, nach Diederich, nach Fricke und die Berechnung mit T_Φ. Eine besonders anwenderfreundliche Möglichkeit zur Berechnung des T_Φ – Wertes bietet ein eigens dafür entwickeltes Nomogramm.

Der theoretische Teil sämtlicher Lehrabschlussprüfungen in Handwerk und Industrie wird in programmierter Form durchgeführt. Zunehmend gilt das auch für Wissensprüfungen in Hochschulen und Universitäten. Nicht immer aber wird die Qualität der dabei eingesetzten Alternativantworten einer Aufgaben-, insbesondere einer Distraktorenanalyse unterzogen. Als gute Distraktoren (lat. distrahere = zerstreuen, schwankend machen, nach verschiedenen Richtungen hinziehen) gelten Alternativantworten, die eindeutig falsch, dennoch aber in hohem Maße plausibel sind, so dass sie auf Probanden, die die richtige Lösung nicht kennen, eine gewisse Anziehungskraft ausüben. Hierbei sollten die auf die einzelnen Distraktoren entfallenden Antworten mit möglichst gleicher Häufigkeit bzw. Wahrscheinlichkeit auftreten.

Mit den hier vorliegenden Tabellen kann ohne jede Rechenarbeit festgestellt werden, inwieweit die Besetzungen einzelner Distraktoren zur Wahrscheinlichkeit des Vorliegens oder des Abweichens von einer Gleichverteilung beitragen, und welche der einzelnen Distraktoren bei anzunehmender Abweichung von der Gleichverteilung als unter- oder überbesetzt gelten müssen. Hierzu muss in der Tabelle lediglich die Zahl N_F der auf eine Alternativaufgabe entfallenden Falschantworten aufgesucht und in den Spalten d = 2, 3, 4 oder 5 Distraktoren der zugehörige x_1 – und x_2 – Wert abgelesen werden. Die gewünschte Gleichverteilung liegt vor, wenn die betrachteten Distraktorenwerte im Intervall $[x_1, x_2]$ liegen.

1 Schwierigkeitsgrad von Testaufgaben

1.1 Empirischer Schwierigkeitsgrad

1.1.1 0 −1−Bewertung

Die Auswahl einer Alternativantwort in programmierten Prüfungen wird, wenn die richtige Antwort angekreuzt wurde, mit 1 Punkt oder mit 0 Punkten bewertet, wenn die Wahl auf eine Falschantwort fiel. Die Schwierigkeit einer solchen Aufgabe ist statistisch wie folgt definiert:

$$P = \frac{N_R}{N},$$

ausgedrückt als Prozentsatz aller Probanden, wobei

$$0 \leq P \leq 1$$

mit N_R = Zahl der Probanden, die eine Aufgabe richtig beantwortet haben und

N = Gesamtzahl der Probanden.

Angenommen, von 20 Probanden haben 16 eine Aufgabe gelöst. Dann wird

$$P_\% = 100 \cdot \frac{16}{20} = 80\ \%.$$

Die Definition des Schwierigkeitsgrades weist somit eigentlich aus, wie leicht die Lösung einer Aufgabe ist; denn je höher der P-Wert ist, desto leichter ist es, diese Aufgabe zu lösen. Statt von einem Schwierigkeitsgrad müsste bei

11

dieser Definition eigentlich von einem Leichtigkeitsgrad gesprochen werden!

1.2 Zufallskorrektur

In der Formel $P = \frac{N_R}{N}$ bleibt unberücksichtigt, dass zur Wahl richtiger wie falscher Lösungen auch zufälliges Raten beigetragen haben kann, weshalb die Schwierigkeit einer Aufgabe eigentlich größer, der Anteil N_R an der Gesamtzahl N also entsprechend kleiner sein müsste. Zur Zufallskorrektur müsste daher von N_R in obiger Gleichung eine Größe subtrahiert werden, die der möglichen Zahl zufällig richtig geratener Antworten entspricht. Die Frage lautet also: Wie groß wird N_R, wenn wir unterstellen, alle Probanden kreuzen völlig zufällig eine der vorgegebenen Antwortalternativen an, weil sie zu der ihnen gestellten Aufgabe nichts wissen?

Wir gehen dieser Frage für den Fall nach, dass von m Wahlmöglichkeiten einer Aufgabe immer nur eine der vorgegebenen Antwortalternativen richtig ist. Die Wahrscheinlichkeit p, zufällig die richtige Antwortvorgabe anzukreuzen, beträgt dann $p = \frac{1}{m}$. Entsprechend gilt für die Wahrscheinlichkeit, zufällig eine der falschen Antwortvorgaben anzukreuzen:

$$q = 1 - p = 1 - \frac{1}{m} = \frac{m}{m} - \frac{1}{m} = \frac{m-1}{m}.$$

Die Wahrscheinlichkeit dafür, dass N_F Probanden zufällig eine der falschen Antwortvorgaben ankreuzen, ist

$$N_F = N \cdot q = N \cdot \frac{m-1}{m} = (N_R + N_F) \cdot \frac{m-1}{m}$$

$$N_F = \frac{N_R \cdot (m-1)}{m} + \frac{N_F \cdot (m-1)}{m}$$

$$\frac{N_R \cdot (m-1)}{m} = N_F - \frac{N_F \cdot (m-1)}{m}$$

$$N_R = N_F \cdot \frac{m}{m-1} - N_F = N_F \cdot \left(\frac{m}{m-1} - 1\right)$$

$$N_R = N_F \cdot \left(\frac{m}{m-1} - \frac{m-1}{m-1}\right) = N_F \cdot \left(\frac{m-m+1}{m-1}\right)$$

$$N_R = \frac{N_F}{m-1}$$

Wenn alle Probanden raten, können somit bis zu $\frac{N_F}{m-1}$ Alternativen nur zufällig richtig angekreuzt worden sein. Für die Berechnung des zufallskorrigierten Schwierigkeitsgrades P_{korr}, ausgedrückt als Prozentsatz aller Probanden, gilt dann:

$$P_{korr} = \frac{N_R - \dfrac{N_F}{m-1}}{N} \quad \text{und}$$

$$P_{korr\%} = 100 \cdot \frac{N_R - \frac{N_F}{m-1}}{N}$$

Dabei bedeuten: N_R = Zahl der Probanden, die eine Aufgabe richtig beantwortet haben

N_F = Zahl der Probanden, die eine Aufgabe falsch beantwortet haben

m = Zahl der Antwortmöglichkeiten

N = Gesamtzahl der Probanden

Aus pädagogischer Sicht sind Zweifel angebracht, ob es sinnvoll ist zu unterstellen, dass alle Probanden bei der Aufgabenlösung nur geraten haben; letztlich also so zu tun, als sei den Lösungsbemühungen kein wenigstens teilweise erfolgreicher Lernprozess vorausgegangen. Ein im Sinne der Aufgabenstellung nicht erfolgreich verlaufener Lernprozess kann mit Sicherheit nur dann angenommen werden, wenn Distraktoren angekreuzt worden sind, nicht aber beim Ankreuzen richtiger Antwortalternativen. Ein Kriterium allerdings, anhand dessen unterschieden werden könnte, welche der Probanden N_R durch Überlegen und welche durch Raten die richtige Lösung gefunden haben, gibt es offenbar nicht. Insofern ist die beschriebene

14

Zufallskorrektur durchaus sinnvoll. Dennoch bleibt zu fragen, inwieweit eine Zufallskorrektur überhaupt notwendig ist; denn bereits bei vier vorgegebenen Antwortmöglichkeiten, wobei eine der Antworten richtig ist, und zehn zu lösenden Aufgaben, beträgt die Ratewahrscheinlichkeit nur 1,6 %, bei 20 zu lösenden Aufgaben nur noch 0,07 %. Die für diesen Fall häufig unterstellte Ratewahrscheinlichkeit von 25 % gilt für das Lösen nur *einer* Aufgabe! [1]

1.3 Bewerten von Teillösungen

Bei der hier skizzierten 0 −1−Bewertung widerspricht es dem Gerechtigkeitssinn, wenn für ganz leichte, aber auch für sehr schwere Aufgaben stets nur ein Punkt vergeben wird. Auch steht kein allgemein anerkanntes Modell zur Verfügung, anhand dessen man Aufgabengewichte bestimmen könnte. [2] Ein erster Schritt in diese Richtung ist es, bei der Berechnung des Schwierigkeitsgrades auch Teillösungen zu berücksichtigen. Das ist möglich, wenn der Schwierigkeitsgrad P definiert wird als das Verhältnis, in dem die Summe der in einer Aufgabe von allen Probanden erreichten Punkte, die $\sum p$, zu der erreichbaren Punktzahl $N \cdot p_{max}$ steht:

---

[1] Vgl. Michelsen und Schöllermann 2015, S. 50.
[2] Vgl.: Wendeler 1976, S. 50.

$$P = \frac{\sum p}{N \cdot p_{max}} = \frac{\bar{p}}{p_{max}}$$

Diese Berechnung des Schwierigkeitsgrades entspricht dem Vorgehen von Whitney und Sabers, die zur Bewertung von Teillösungen p_{min} bis p_{max} Punkte vergeben, was nach einer Bezugspunkttransformation der Vergabe von 0 bis p_{max} Punkten gleicht. [3]

Die bei einer $0-1-$Codierung übliche Formel $P = \frac{N_R}{N}$ ist in $P = \frac{\sum p}{N \cdot p_{max}}$ enthalten. Sie stellt den Spezialfall von P für den Fall dar, dass die in einer Aufgabe erreichbare Punktzahl $p_{max} = 1$ beträgt:

$$P = \frac{\sum p}{N \cdot p_{max}} = \frac{N_R}{N \cdot 1} = \frac{N_R}{N}$$

Fraglich bleibt, ob bei der Bewertung von Teillösungen die Zuordnung der Punktwerte – das numerische Relativ – dem tatsächlichen Schwierigkeitsgrad – dem empirischen Relativ – entspricht, ob die in die Berechnung des Schwierigkeitsgrades eingehenden Prämissen dem schließlich sich ergebenden Schwierigkeitsgrad entsprechen. Denn welche kognitiven Prozesse bei den einzelnen Probanden, die sich bemühen, ihnen gestellte Aufgaben zu lösen, ablaufen, worin genau die Schwierigkeiten liegen, die eine Lösung verhindern, vermag niemand eindeutig zu sagen. Auch alle Versuche, im Voraus – aufgrund logischer

---

[3] Vgl. Scannell & Tracy 1977, S. 210.

16

Schlüsse – den Schwierigkeitsgrad zu bestimmen, um sich den meist nicht geringen Aufwand einer empirischen Untersuchung zu ersparen, haben zu keinem befriedigenden Ergebnis geführt. [4] Weiter führt hier der Ex post-Vergleich des empirischen mit dem vermuteten Schwierigkeitsgrad, der dem für eine Aufgabe vergebenen maximalen Punktwert entspricht. Die Möglichkeit nämlich, bei der Berechnung des Schwierigkeitsgrades auch Punktwerte für Teillösungen zu vergeben, erlaubt es, den empirischen mit dem vermuteten Schwierigkeitsgrad zu vergleichen und ein Maß für die Über– bzw. Unterschätzung des Schwierigkeitsgrades festzulegen.

1.4 Vergleich des empirischen mit dem vermuteten Schwierigkeitsgrad

Bei der Konstruktion eines Tests wird der Aufgabenersteller im allgemeinen eine maximal zu erreichende Punktzahl p_{maxi_i} für jede Aufgabe i festsetzen. Hierbei werden für eine sehr wahrscheinlich schwierige Aufgabe mehr Punkte vergeben als für eine vermeintlich leichter zu lösende Aufgabe. Die gewählte Punktwertzuordnung entspricht einer Einschätzung des Schwierigkeitsgrades. Dieser geschätzte oder vermutete Schwierigkeitsgrad wird mit $\hat{P}$ bezeichnet. Er ist, im Gegensatz zum empirischen Schwierigkeits-

---

[4] Vgl. z.B. Quereski & Fisher 1977 sowie Whitely1981. Vgl. auch das sehr aufwendige Verfahren zur Berechnung des logischen Schwierigkeitsgrades von Michelsen und Binstadt 1985.

grad als eine Auswertung ex post, eine Festlegung ex ante. Da der $\hat{P}$ – Wert umso größer wird, je leichter eine Aufgabe ist, die Punktwertzuordnungen jedoch proportional zu der geschätzten Schwierigkeit p_{max_i} einer Aufgabe i erfolgen sollte, wird $\hat{P}_i$ nunmehr aus $1 - \hat{P}_i$ berechnet. Entsprechend wird auch der empirische Schwierigkeitsgrad P_i aus $1 - P_i$ ermittelt.

Ist nun die empirisch ermittelte Schwierigkeit $1 - P_i$ einer Aufgabe i gleich der vermuteten Schwierigkeit $1 - \hat{P}_i$, das heißt, die Einschätzung der Schwierigkeit aufgrund der Punktwertvergabe p_{max_i} stimmt mit der empirisch ermittelten Schwierigkeit überein, ergibt sich folgende Proportion:

$$\frac{1 - P_i}{\sum_{i=1}^{i_{max}}(1 - P_i)} = \frac{p_{max_i}}{\sum_{i=1}^{i_{max}} p_{max_i}}$$

Sie besagt, dass der empirisch sich ergebende Schwierigkeitsgrad einer Aufgabe $i = 1 - P_i$ sich zur Summe der empirisch sich ergebenden Schwierigkeitsgrade aller Aufgaben $= \sum_{i=1}^{i_{max}}(1 - P_i)$ verhält wie die maximal vergebenen Punkte einer Aufgabe $i = p_{max_i}$ zur Summe der erreichbaren Punkte aller Aufgaben $= \sum_{i=1}^{i_{max}} p_{max_i}$.

Diese Proportion ist jedoch nur gültig, wenn $P_i = \hat{P}_i$.

Oftmals aber weicht der empirische vom vermuteten Schwierigkeitsgrad ab; weshalb $1 - P_i$ durch $1 - \hat{P}_i$ ersetzt werden muss. Aus voranstehender Proportion wird somit:

$$\frac{1 - \widehat{P}_i}{\sum_{i=1}^{i_{max}}(1 - P_i)} = \frac{p_{max_i}}{\sum_{i=1}^{i_{max}} p_{max_i}}$$

$$1 - \widehat{P}_i = p_{max_i} \cdot \frac{\sum_{i=1}^{i_{max}}(1 - P_i)}{\sum_{i=1}^{i_{max}} p_{max_i}}$$

$$\widehat{P}_i = 1 - p_{max_i} \cdot \frac{\sum_{i=1}^{i_{max}}(1 - P_i)}{\sum_{i=1}^{i_{max}} p_{max_i}}$$

$$\widehat{P}_i = 1 - p_{max_i} \cdot \frac{i_{max} - \sum_{i=1}^{i_{max}} P_i}{\sum_{i=1}^{i_{max}} p_{max_i}}$$

$\widehat{P}_i$ entspricht dem zu erwartenden Schwierigkeitsgrad, der sich aufgrund des vergebenen p_{maxi} hätte ergeben müssen. Ist dies der Fall, dann ist $\widehat{P}_i = P_i$. Trifft das nicht zu, muss p_{max_i} korrigiert werden. Hierzu berechnen wir zunächst die theoretisch zu vergebende maximale Punktzahl $\hat{p}_{max_i}$. Entsprechen die für eine Aufgabe i vergebenen Punkte p_{max_i} dem vermuteten Schwierigkeitsgrad $\widehat{P}_i$, dann verhalten sich die maximal erreichbaren Punkte p_{max_i} einer Aufgabe i zur vermuteten Schwierigkeit $1 - \widehat{P}_i$ wie die eigentlich zu vergebenden Punkte $\hat{p}_{max_i}$ einer Aufgabe i zur empirisch ermittelten Schwierigkeit $1 - P_i$. $\hat{p}_{max_i}$ steht demnach für die Punktwerte, die sich ergeben, wenn die Vergabe der maximalen Punkte p_{max_i} einer Aufgabe i proportional zur empirisch sich ergebenden Schwierigkeit einer Aufgabe i erfolgt wäre. Es gilt folgende Proportion:

$$\frac{1 - P_i}{1 - \widehat{P}_i} = \frac{\widehat{p}_{max_i}}{p_{max_i}} \text{ , weshalb}$$

$$\widehat{p}_{max_i} = p_{max_i} \cdot \frac{1 - P_i}{1 - \widehat{P}_i}$$

1.5 ΔP_i als Maß der Einschätzung der Über– und der Unterschätzung des Schwierigkeitsgrades

Die Möglichkeit, $\widehat{p}_{max_i}$ zu berechnen erlaubt es, je nach der sich ergebenden Abweichung vom vergebenen p_{max} für eine Aufgabe i, zukünftig entsprechend angepasste Höchstpunktzahlen vorzusehen. Zudem kann, wenn P_i ermittelt und $\widehat{P}_i$ berechnet wurde, ein Maß ΔP_i der Über– oder Unterschätzung des Schwierigkeitsgrades berechnet werden:

$$\Delta P_i = \frac{P_i - \widehat{P}_i}{P_i}$$

Positive Werte stehen für eine Überschätzung, negative Werte für ein Unterschätzung der Schwierigkeit.

1.6 Vorgehen bei der Berechnung von ΔP_i

Schritt	Vorgehen Halten Sie in einer Tabelle nach Art des Beispieles auf Seite 22 folgende Arbeitsschritte fest:
1	Vergeben Sie die Aufgabennummern von 1 bis zur letzten gestellten Aufgabe i.
2	Notieren Sie die vergebenen Punktwerte p_{max_i} für die Aufgaben 1 bis i.
3	Berechnen Sie die empirischen Schwierigkeitsgrade P_i für die Aufgaben 1 bis i.
4	Bilden Sie die Summe aller p_{max_i}-Werte und aller P_i-Werte.
5	Subtrahieren Sie von i die Summe aller P_i-Werte.
6	Dividieren Sie das Ergebnis durch die Summe aller p_{max_i}-Werte. <u>Speichern Sie diesen Wert!</u> .
7	Multiplizieren Sie das Ergebnis mit dem p_{max_i}-Wert von Aufgabe 1.
8	Subtrahieren Sie das Ergebnis von 1. Sie erhalten $\widehat{P}_i$ von Aufgabe 1.
9	Bilden Sie $(1 - P_i)$ und $(1 - \widehat{P})$ von Aufgabe 1 und dividieren Sie $(1 - P_i)$ durch $(1 - \widehat{P})$.
10	Multiplizieren Sie das Ergebnis mit dem für die Aufgabe 1 vergebenen Punktwert p_{max_i}. Sie erhalten den Wert $\widehat{p}_{max_i}$, der aufgrund des empirischen Schwierigkeitsgrades P_i für Aufgabe 1 eigentlich hätte vergeben werden müssen.
11	Subtrahieren Sie $\widehat{P}_i$ von P_i in Aufgabe 1.
12	Dividieren Sie das Ergebnis durch den Wert von P_i in Aufgabe 1. Sie erhalten ΔP_i von Aufgabe 1.
13	Wiederholen Sie die Schritte 7 bis 12 für die Aufgaben 2, 3, 4, ... i mit dem gespeicherten Wert.

Das Vorgehen zur Berechnung von ΔP_i wird an einem Beispiel aus der Praxis, mit den Prüfungsergebnissen des Faches Technisches Rechnen einer Lehrabschlussprüfung im Fernmeldehandwerk mit den dort vergebenen Werten für p_{max_i} und P_i nochmals erläutert: [5]

Aufgabe Nr.	p_{max_i}	P_i	$1-P_i$	$\hat{p}_{max_i}$	$\hat{P}_i$	$1-\hat{P}_i$	ΔP_i $\dfrac{P_i - \hat{P}_i}{P_i}$
1	18	0,57	0,43	21,5*	0,64**	0,36	$-0,12$
2	16	0,75	0,25	12,5	068	0,32	0,09
3	10	0,80	0,20	11,1	0,82	0,18	$-0,03$
4	13	0,52	0,48	24,0	0,47	0,26	$-0,42$
5	20	0,74	0,26	13,0	0,60	0,40	0,19
6	13	0,86	0,14	7,0	074	0,26	0,14
i = 7	10	0,75	0,25	12,5	0,80	0,20	$-0,07$
Σ	100	4,99		101,6	5,00		$\varnothing =$ 0,19

$$^*\hat{p}_{max_i} = p_{max_i} \cdot \frac{1 - P_i}{1 - \hat{P}_i} = 18 \cdot \frac{1 - 0,57}{1 - 0,64} = 21,5$$

$$^{**}\hat{P}_I = 1 - p_{max_i} \cdot \frac{i_{max} - \sum_{I=1}^{i_{max}} P_i}{\sum_{I=1}^{i_{max}} p_{max_I}} = 1 - 18 \cdot \frac{7 - 4,99}{100}$$

$$= 0,64$$

---

[5] Vgl. Michelsen 1981, S. 116.

22

Das Verfahren zum Prüfen der Punktwertvergaben für eine Abfolge von Aufgaben kann auf die Lösungssequenzen einer einzigen Aufgabe – zum Beispiel im Fach Mathematik – übertragen werden [6]:

Lösungssequenz		p_{max_i}	P_i	$1-P_i$	$\hat{p}_{max_i}$	$\hat{P}_i$	$1-\hat{P}_i$	ΔP_i
Nr.	Inhalt							$\dfrac{P_i - \hat{P}_i}{P_i}$
1	Lösungs-ansatz	5	0,20	0,80	5,60	0,28	0,72	0,40
2	Formel umstellen und Werte einsetzen	3	0,70	0,30	2,10	0,57	0,43	0,18
3	Ausrech-nen	1	0,80	0,20	1,40	0,86	0,14	− 0,08
i =3	Σ	9	1,70		9,10	1,71		Ø = 0,21

Die ΔP_i – Werte geben pädagogisch wertvolle Hinweise darauf, welcher der vorher gelehrten Inhalte – hier das Finden des Lösungsansatzes – erneut behandelt, zum Beispiel nochmals erklärt, wiederholt oder intensiv geübt werden sollte.

Die berechneten Werte von $\hat{P}_i$ und $\hat{p}_{max_i}$ können bei weiteren Leistungsprüfungen insbesondere auch dazu die-

---

[6] Ähnliche Vorschläge unterbreiten Michelsen und Binstadt 1985.

nen, die maximal vergebenen Punktwerte nach und nach dem empirischen Schwierigkeitsgrad entsprechend zu vergeben.

2 Begriff der Trennschärfe

Die Trennschärfe einer Testaufgabe/eines Items, auch Trennschärfeindex oder Trennschärfekoeffizient genannt, ist ein Maß dafür, ob man zwischen den leistungsstarken und leistungsschwachen Personen eines Tests unterscheiden kann. Dieser Kennwert drückt aus, wie gut das Gesamtergebnis eines Testes aufgrund der Lösung einer einzelnen Testaufgabe vorhergesagt werden kann. Er soll eine Einschätzung ermöglichen, wie gut eine Aufgabe/ein Item zwischen Personen mit einer niederen und solchen einer höheren Gesamtleistung zu trennen vermag. Der Wert der Trennschärfe kann zwischen − 1 und + 1 liegen:

$$- 1 \leq \text{Trennschärfe} \leq + 1$$

Sehr leichte und sehr schwere Aufgaben weisen eine nur geringe Trennschärfe auf. Aufgaben, die von allen Testpersonen richtig oder falsch gelöst werden, besitzen keine Trennschärfe mehr, tragen somit nichts zur Differenzierung zwischen leistungsstarken und leistungsschwachen Personen bei. Bei einer mittleren Aufgabenschwierigkeit ($P = 0,50$) kann die Trennschärfe ihren maximalen Wert erreichen; denn der mittlere Schwierigkeitsgrad einer

Aufgabe ist eine zwar notwendige, nicht aber hinreichende Bedingung für die Trennschärfe Von sehr trennscharfen Aufgaben werden Werte $\geq 0,40$ erwartet: [7]

Trennschärfekoeffizient T	Interpretation
$T \geq 0,4$	Sehr gute Testaufgabe
$0,30 \leq T \leq 0,39$	Brauchbare Testaufgabe, Verbesserung ist möglich.
$0,20 \leq T \leq 0,29$	Weniger brauchbare, zu verbessernde Testaufgabe.
$T \leq 0,19$	Unbrauchbare, revisionsbedürftige Testaufgabe.

Bei einer Trennschärfe nahe 0 hat die untersuchte Aufgabe zu wenig mit den anderen Aufgaben des Tests gemeinsam. Zuweilen aber kann auch eine negative Korrelation sinnvoll und gewollt sein; so ist es z.B. bei Fragebogenskalen hilfreich, Fragen mit negativer Trennschärfe einzustreuen, um Antworttendenzen zu kontrollieren, etwa um festzustellen, ob ein Proband immer das „Kästchen" ganz rechts ankreuzt, ohne die Frage genau zu lesen.

2.1 Trennschärfeberechnung mit dem punktbiserialen Korrelationskoeffizienten

Der Trennschärfekoeffizient wird berechnet mit der punktbiserialen Korrelation r_{pb} als „part-whole-Korrektur" zwi-

---

[7] Vgl. Ebel 1972, S. 399.

schen den Ergebnissen einer Aufgabe und den Ergebnissen im gesamten Test ohne diese Aufgabe:

$$r_{pb} = \frac{\overline{X}_R - \overline{X}_F}{s_x} \cdot \left|\sqrt{P \cdot Q}\right| \; {}^{[8]} \text{ mit}$$

$\overline{X}_R = \sum x_R$: n mit x_R = Zahl richtiger Lösungen pro Aufgabe und n = Zahl aller Aufgaben,

$\overline{X}_F = \sum x_F$: n mit x_F = Zahl falscher Lösungen pro Aufgabe und n = Zahl aller Aufgaben,

s_x = Standardabweichung = $\frac{1}{N} \sqrt{\sum (x - \overline{x})^2}$ mit

N = Zahl aller Probanden und x = der im Test insgesamt erzielte Rohwert eines jeden Probanden sowie $\overline{x}$ = arithmetisches Mittel der Rohwerte aller Probanden,

In den Term $\left|\sqrt{P \cdot Q}\right|$ werden die Werte der Aufgabe eingesetzt, für die der punktbiseriale Trennschärfekoeffizient berechnet wird, wobei P = N_R : N mit N_R = Zahl richtiger Lösungen dieser Aufgabe und Q = 1 – P.

Zur Kennzeichnung der entsprechenden Aufgabe wird dem Ausdruck r_{pb} die jeweilige in Klammern gesetzte Aufgabennummer hinzugefügt. Für z.B. Aufgabe Nr. 3 wird r_{pb} dann zu $r_{pb(3)}$.

---

[8] Vgl, Heller und Rosemann 1974, S,134.

Beispielhaft wird nachfolgend die Berechnung des punkt-biserialen Korrelationskoeffizienten r_{pb} durchgeführt:

Pro-band	Lösung der Aufgabe [9]								Roh-wert x	$\frac{\sum x}{N}$ $\bar{x}$	$(x - \bar{x})^2$
	1	2	3	4	5	6	7	8			
1	1	1	1	1	1	1	1	1	8		12,67
2	1	1	1	0	1	1	1	1	7		6,55
3	1	1	1	1	0	1	1	1	7		6,55
4	1	1	1	0	1	1	1	1	7		6,55
5	1	1	0	0	1	1	1	1	6		2,43
6	1	0	1	0	1	1	1	1	6		2,43
7	1	1	1	0	1	1	0	1	6		2,43
8	0	1	1	0	0	1	1	1	5	4,44	0,31
9	1	1	0	0	1	0	1	0	4		0,19
10	0	0	1	0	1	1	0	1	4		0,19
11	0	1	0	0	0	1	1	0	3		2,07
12	1	0	0	0	0	1	0	0	2		5,95
13	0	0	1	0	0	1	0	0	2		5,95
14	0	0	1	0	0	1	0	0	2		5,95
15	0	0	0	0	0	1	0	0	1		11,83
N =16	0	0	0	0	0	1	0	0	1		11,83
x_R:	9	9	10	2	8	15	9	9	$\bar{x}_R = \sum x_R : n =$ 8,88		$\sum(x - \bar{x})^2$
x_F:	7	7	6	14	8	1	7	7	$\bar{x}_F = \sum x_F : n =$ 7,13		$= 83,88$
$P = \frac{x_R}{N}$	0,56	0,56	0,63	0,13	0,50	0,94	0,56	0,56	$s_x = \sqrt{\frac{1}{N} \cdot \sum(x - \bar{x})^2}$		
$Q = \frac{x_F}{N}$	0,44	0,44	0,37	0,87	0,50	0,06	0,44	0,44	$= 2,29$ $\quad r_{pb} = \frac{\bar{x}_R - \bar{x}_F}{s_x} \cdot \sqrt{\frac{x_R \cdot x_F}{N^2}}$		
r_{pb}	0,38	0,38	0,37	0,26	0,38	0,18	0,38	0,38	$r_{pb} = \frac{\bar{x}_R - \bar{x}_F}{s_x} \cdot \sqrt{P \cdot Q}$		

[9] Eintragen von 0 oder 1: 0 = die Aufgabe wurde nicht gelöst, 1 = die Aufgabe wurde gelöst.

Das recht aufwendige Verfahren zur Berechnung des punktbiserialen Korrelationskoeffizienten r_{pb} kann durch Umformung des Termes $(x - \bar{x})^2$ zur Berechnung der Standardabweichung s_x etwas vereinfacht werden. Wir gehen aus von:

$$(x - \bar{x})^2 = x^2 - 2\,x\,\bar{x} + \bar{x}^2$$

Für alle Werte zusammen gibt das

$$\sum(x - \bar{x})^2 = x_1{}^2 - 2\,x_1\,\bar{x} + \bar{x}^2$$
$$+ \; x_2{}^2 - 2\,x_2\,\bar{x} + \bar{x}^2$$
$$+ \; x_3{}^2 - 2\,x_3\,\bar{x} + \bar{x}^2$$
$$+ \; \ldots\ldots\ldots\ldots\ldots..$$
$$+ \; x_N{}^2 - 2\,x_N\,\bar{x} + \bar{x}^2$$

$$\overline{}$$

$$= \sum x^2 - 2\bar{x}\sum x + N\bar{x}^2$$
$$= \sum x^2 - 2\frac{\sum x}{N}\sum x + N\left(\frac{\sum x}{N}\right)^2$$
$$= \sum x^2 - 2\frac{(\sum x)^2}{N} + \frac{(\sum x)^2}{N}$$
$$= \sum x^2 - \frac{(\sum x)^2}{N} \quad \text{Einsetzen in:}$$

$$s_x = \sqrt{\frac{1}{N}\cdot\sum(x - \bar{x})^2}$$

28

$$s_x = \sqrt{\frac{1}{N} \cdot \left(\sum x^2 - \frac{(\sum x)^2}{N} \right)}$$

$$s_x = \sqrt{\frac{\sum x^2}{N} - \frac{(\sum x)^2}{N^2}}$$

$$s_x = \sqrt{\frac{\sum x^2}{N} - \left(\frac{\sum x}{N} \right)^2}$$

Auf Seite 30 folgt ein Formular zur Berechnung des biserialen Korrelationskoeffizienten r_{pb}, dessen Einsatz mit möglichst geringem Rechenaufwand verbunden ist. Wohl wissend, dass im praktischen Vollzug ggfs. mehr als 16 Probanden und mehr als 8 Aufgaben zu berücksichtigen sein werden, wird hier auf eine größere Probanden- und Aufgabenzahl verzichtet, um das Vorgehen bei der Berechnung von r_{pb} im Einzelnen darstellen zu können. Hierzu dient insbesondere die konkrete Berechnung der biserialen Korrelation auf Seite 31.

Proband	Lösung der Aufgabe [10]								Roh-wert x	x^2	$\sum x^2$	$\sum x$
	1	2	3	4	5	6	7	8				
1												
2												
3												
4												
5												
6												
7												
8												
9												
10												
11												
12												
13												
14												
15												
N =16												

x_R:									$\bar{x}_R = \sum x_R : n$ $=$	
										$s_x =$
x_F:									$\bar{x}_F = \sum x_F : n$ $=$	

$$P = \frac{x_R}{N}$$

$$Q = \frac{x_F}{N}$$

r_{pb}:

$$s_x = \sqrt{\frac{\sum x^2}{N} - \left(\frac{\sum x}{N}\right)^2}$$

$$r_{pb} = \frac{\bar{x}_R - \bar{x}_F}{s_x} \cdot \left| \sqrt{\frac{x_R \cdot x_F}{N^2}} \right|$$

$$r_{pb} = \frac{\bar{x}_R - \bar{x}_F}{s_x} \cdot \left| \sqrt{P \cdot Q} \right|$$

---

[10] Eintragen von 0 oder 1: 0 = die Aufgabe wurde nicht gelöst, 1 = die Aufgabe wurde gelöst.

30

Proband	Lösung der Aufgabe								Roh-wert x	x^2	$\sum x^2$	$\sum x$
	1	2	3	4	5	6	7	8				
1	1	1	1	1	1	1	1	1	8	64		
2	1	1	1	0	1	1	1	1	7	49		
3	1	1	1	1	0	1	1	1	7	49		
4	1	1	1	0	1	1	1	1	7	49		
5	1	1	0	0	1	1	1	1	6	36		
6	1	0	1	0	1	1	1	1	6	36		
7	1	1	1	0	1	1	0	1	6	36		
8	0	1	1	0	0	1	1	1	5	25	399	71
9	1	1	0	0	1	0	1	0	4	16		
10	0	0	1	0	1	1	0	1	4	16		
11	0	1	0	0	0	1	1	0	3	9		
12	1	0	0	0	0	1	0	0	2	4		
13	0	0	1	0	0	1	0	0	2	4		
14	0	0	1	0	0	1	0	0	2	4		
15	0	0	0	0	0	1	0	0	1	1		
N =16	0	0	0	0	0	1	0	0	1	1		
x_R:	9	9	10	2	8	15	9	9	$\bar{x}_R = \sum x_R : n$ $= 8{,}88$			
x_F:	7	7	6	14	8	1	7	7	$\bar{x}_F = \sum x_F : n$ $= 7{,}13$		$s_x =$ 2,29	
$P = \frac{x_R}{N}$	0,56	0,56	0,63	0,13	0,50	0,94	0,56	0,56				
$Q = \frac{x_F}{N}$	0,44	0,44	0,37	0,87	0,50	0,06	0,44	0,44				
r_{pb}:	0,38	0,38	0,37	0,26	0,38	0,18	0,38	0,38				

$$s_x = \sqrt{\frac{\sum x^2}{N} - \left(\frac{\sum x}{N}\right)^2}$$

$$r_{pb} = \frac{\bar{x}_R - \bar{x}_F}{s_x} \cdot \sqrt{\frac{x_R \cdot x_F}{N^2}}$$

$$r_{pb} = \frac{\bar{x}_R - \bar{x}_F}{s_x} \cdot \sqrt{P \cdot Q}$$

Die Werte für die Aufgaben $r_{pb(1)}$, $r_{pb(2)}$, $r_{pb(3)}$, $r_{pb(5)}$, $r_{pb(7)}$ und $r_{pb(8)}$ sind brauchbar, für $r_{pb(4)}$ weniger brauchbar und für $r_{pb(6)}$ revisionsbedürftig (vgl. S. 25).

Die Signifikanzprüfung des punktbiserialen Korrelationskoeffizienten r_{pb} gegen die Nullhypothese, dass es keinen
Unterschied zwischen den Leistungen der „besseren" und
„schlechteren" Probanden gibt, erfolgt über die Beziehung:

$$t = \frac{\overline{X}_R - \overline{X}_F}{s_x} \text{ mit df} = N - 2$$

Für die Berechnung der punktbiserialen Koeffizienten r_{pb}
auf den Seiten 27 und 31 beträgt t = 0,76 mit df = 14.
Dieser Wert ist kleiner als der in den einschlägigen t-Wert-
Tabellen unter Berücksichtigung des Signifikanzniveaus
und der Freiheitsgrade abgelesene. Deshalb wird die Nullhypothese verworfen. Bestätigt wird somit der bloß visu-
elle Eindruck, dass es einen deutlichen Unterschied zwischen den sog. „besseren" und „schlechteren" Probanden
gibt

Wegen des ziemlichen Aufwandes, den die Berechnung
des punktbiserialen Trennschärfekoeffizienten erfordert,
haben Stanley und Hopkins ein vereinfachtes Verfahren
zur Bestimmung der Trennschärfe und des Schwierigkeitsgrades entwickelt, den Diskriminationsindex D. Er liefert einen brauchbaren Näherungswert. [11]

---

[11] Vgl. Stanley und Hopkins 1972, S. 274.

2.2 Trennschärfeberechnung nach Stanley und Hopkins

Die Bestimmung der Aufgabenschwierigkeit und der Trennschärfe nach Stanley und Hopkins, genannt Diskriminationsindex D, erfolgt in 6 Schritten:

1. Die Rohwerte eines Testes werden in eine Rangreihe gebracht.
2. Die Zahl der Getesteten N wird mit 0,27 multipliziert und das Ergebnis zur nächstgelegenen ganzen Zahl auf- bzw. abgerundet. Mit N = 16 würde N · 0,27 = 16 · 0,27 = 4,32 sein, abgerundet = 4. Diese Zahl nennen wir N_{min}.
3. Die so ermittelte Zahl bestimmt den Umfang einer sog. „hohen" (leistungsstarken) und einer sog. „niedrigen" (leistungsschwachen) Gruppe. [12]
4. In der „hohen" und der „niedrigen" Gruppe wird für jede Aufgabe der Anteil der richtigen Antworten und deren Schwierigkeitsgrad P_{hoch} und $P_{niedrig}$ bestimmt:
5. $$P_{hoch} = \frac{\text{Zahl der richtigen Antworten in der „hohen" Gruppe}}{N_{min}}$$

   $$P_{niedrig} = \frac{\text{Zahl der richtigen Antworten in der „niedrigen" Gruppe}}{N_{min}}$$

6. Aus den Werten P_{hoch} und $P_{niedrig}$ läßt sich der Schwierigkeitsgrad P einer Aufgabe in guter Nähe-

---

[12] Vgl. Fan, Chung-Teh 1952.

rung über das arithmetische Mittel aus beiden Größen berechnen:

$$P = \frac{P_{hoch} + P_{niedrig}}{2}$$

7. Der Trennschärfe- oder Diskriminationsindex D einer Aufgabe lässt sich annähernd berechnen, wenn man $P_{niedrig}$ von P_{hoch} subtrahiert. [13]

$$D = P_{hoch} - P_{niedrig}$$

Beispielhaft wird mit den Daten der Probanden 1 bis 4 und 13 bis 16 auf Seite 31 für Aufgabe 3 der Diskriminationsindex $D_{(3)}$ ermittelt:

$$D_{(3)} = P_{hoch(3)} - P_{niedrig(3)} = \frac{4}{4} - \frac{2}{4} = 1 - \frac{1}{2} = 0{,}5.$$

Entsprechend ergeben sich die Werte $D_{(1)} = 1$, $D_{(2)} = 1$, $D_{(4)} = 0{,}5$, $D_{(5)} = 0{,}75$, $D_{(6)} = 0$, $D_{(7)} = 1$ und $D_{(8)} = 1$. Nach den auf S. 25 genannten Kriterien handelt es sich nur bei Aufgabe 6 um eine unbrauchbare, revisionsbedürftige Aufgabe, obwohl, im Vergleich mit den punktbiserialen Trennschärfekoeffizienten, auch Aufgabe 4 verbessert werden sollte (vgl. S 35). Auffällig ist, dass die D-Werte deutlich größer als die r_{pb}-Werte ausfallen. Die zuverlässigen r_{pb}-Werte sind nur etwa halb so groß wie die D-Werte.

---

[13] Vgl. Schelten, Andreas 1997, S. 132.

Versuchsweise multiplizieren wir daher die ermittelten D-Werte mit 0,5 bzw. mit der durchschnittlichen prozentualen Abweichung vom D-Wert, die 47 % beträgt:

Aufgabe	r_{pb}-Wert	D-Wert	Abweichung in % des D-Wertes	$0,47 \cdot D$	$0,5 \cdot D$
1	0,38	1	38	0,47	0,5
2	0,38	1	38	0,47	0,5
3	0,37	0,5	74	0,24	0,25
4	0,26	0,5	52	0,24	0,25
5	0,38	0,75	51	0,35	0,38
6	0,18	0		0	0
7	0,38	1	38	0,47	0,5
8	0,38	1	38	0,47	0,5

Wenn wir die durchschnittliche Abweichung des D-Wertes vom punktbiserialen Korrelationskoeffizienten r_{pb} berücksichtigen und die D-Werte der einzelnen Aufgaben mit 0,42 oder 0,5 multiplizieren (vgl. die Spalten 5 und 6 der voranstehenden Tabelle) ergeben sich — abgesehen von Aufgabe 3, die dann weniger brauchbar ist und verbessert werden sollte – gute Näherungswerte an den punktbiserialen Trennschärfekoeffizienten r_{pb}. Daher sollte der Diskriminationsindex D versuchsweise mit dem Faktor 0,42 oder 0,5 multipliziert werden. Zum Beispiel sei

$$D = 0,5 \cdot (P_{hoch} - P_{niedrig})$$

Ob diese Formel allgemein gültig ist, sollte in zahlreichen Untersuchungen mit auch größeren Probanden- und Aufgabenzahlen überprüft werden!

Sollte die Multiplikation der D−Werte mit 0,5 dadurch bestätigt werden, würde dies bei der Berechnung von $D = P_{hoch} - P_{niedrig}$ auch P_{hoch} und $P_{niedrig}$ verändern:

$$P_{hoch} = \frac{\text{Zahl der richtigen Antworten in der „hohen" Gruppe}}{2 \cdot N_{min}}$$

$$P_{niedrig} = \frac{\text{Zahl der richtigen Antworten in der „niedrigen" Gruppe}}{2 \cdot N_{min}}$$

Bei den Überlegungen zur Berechnung des Diskriminationsindexes D sei abschließend darauf hingewiesen, dass der rechentechnische Aufwand zur Bestimmung von D wahrscheinlich höher ist als das Ausfüllen der Anleitung zur Ermittlung des punktbiserialen Korrelationskoeffizienten auf Seite 30. Das dort beschriebene Verfahren kann mit Hilfe z. B. eines karierten DIN A3 − Bogens auch auf größere Probanden- und Aufgabenzahlen übertragen werden.

2.3 Trennschärfeberechnung nach Diederich

Bei der Trennschärfeberechnung nach Diederich wird die Zahl der Probanden in eine „bessere" und eine „schlechtere" Hälfte mit den Abkürzungen b und s geteilt. Bei ungeraden Probandenzahlen wird der Median nach

$$Med = \frac{N+1}{2}$$

berechnet. [14]

Bet e die Probandenzahl in unserem Beispiel nicht 16, sor rn 17, ergäbe sich als Wert für $Med = \frac{17+1}{2} = 9$, und die /erte des Probanden 9 würden nicht in die Aufgabenan /se einbezogen.

N n Diederich ergibt der Quotient $\frac{b-s}{N}$ einen brauchbar-r/ Näherungswert für die Trennschärfe der bearbeiteten / /gaben, wobei

  = der Summe der in einer Aufgabe erreichten Punktwerte in der „besseren" und

s = der Summe der in einer Aufgabe erreichten Punktwerte in der „schlechteren" Hälfte entspricht.

Auch sollte die Differenz b – s mindestens 10 % der Stichprobengröße N betragen, hier also $\geq$ 1,6 sein; ein Wert,

---

[14] Vgl, Heller und Rosemann 1974, S.106.

der in Aufgabe Nr. 6 der nachstehenden Tabelle deutlich unterschritten wird. Auch nach den auf Seite 25 genannten Kriterien handelt es sich um eine unbrauchbare Testaufgabe.

Pro-band	Gruppe	Aufgabe							
		1	2	3	4	5	6	7	8
1	b (bessere)	1	1	1	1	1	1	1	1
2		1	1	1	0	1	1	1	1
3		1	1	1	1	0	1	1	1
4		1	1	1	0	1	1	1	1
5		1	1	0	0	1	1	1	1
6		1	0	1	0	1	1	1	1
7		1	1	1	0	1	1	0	1
8		0	1	1	0	0	1	1	1
9	s (schlech-tere)	1	1	0	0	1	0	1	0
10		0	0	1	0	1	1	0	1
11		0	1	0	0	0	1	1	0
12		1	0	0	0	0	1	0	0
13		0	0	1	0	0	1	0	0
14		0	0	1	0	0	1	0	0
15		0	0	0	0	0	1	0	0
16		0	0	0	0	0	1	0	0
$N = 16$	b	7	7	7	2	6	8	7	8
	s	2	2	3	0	2	7	2	1
	(b + s) : N = P	0,56	0,56	0,63	0,13	0,50	0,94	0,56	0,56
	b − s	5	5	4	2	4	1	5	7
	(b + s) : N	0,31	0,31	0,25	0,13	0,25	0,06	0,31	0,44
	r_{pb}	0,38	0,38	0,36	0,25	0,38	0,18	0,38	0,38
	$1,5 \cdot \dfrac{b - s}{N}$	0,47	0,47	0,38	0,20	0,38	0,09	0,47	0,47

Nach Diederich ist die biseriale Korrelation r_{pb} im Be eich mittlerer Schwierigkeiten ungefähr das Dreifache von $\frac{b-s}{N}$. Für die Aufgaben mittleren Schwierigkeitsgrade: , 2 und 7, ferner Aufgabe 8 sowie insbesondere Aufgabe 5, lä- ben sich r_{pb}-Werte von 0,94, 1,31 und 0,75, die im Verglei nit den r_{pb}-Werten viel zu hoch und für Aufgabe 8 sogar nic m Definitionsbereich der Trennschärfe von -1 bis $+1$ lägen!

Ein besserer Näherungswert ergibt sich, wenn der Qu i- ent $\frac{b-s}{N}$ mit 1,5 multipliziert wird. Ob diese Formel all(- mein gültig ist, sollte – wie bei der Trennschärfeberec · nung nach Stanley und Hopkins (vgl. S. 33ff.) - in zahlr chen Untersuchungen mit auch größeren Probanden- u Aufgabenzahlen überprüft werden!

2.4 Trennschärfeberechnung mit T_Φ

Zur Berechnung des Punkt-Vierfelder-Korrelationskoef zienten, kurz Vierfelder- oder Phi-Koeffizient genannt, ge hen wir von folgendem Schema aus:

Median- halbierung	Lösung der Aufgabe		Summen
	richtig	falsch	
obere 50 %	a	b	$a + b = 0{,}5 \cdot N$
untere 50 %	c	d	$c + d = 0{,}5 \cdot N$
Summe	$a + c$	$b + d$	$a + b + c + d = N$

Die Aufgabentrennschärfe als Phi-Koeffizient wird berechnet nach

$$T_\Phi = \frac{ad - bc}{\sqrt{(a+b)\cdot(c+d)\cdot(a+c)\cdot(b+d)}}$$

Mit $a = 7$, $b = 1$, $c = 2$ und $d = 6$ gilt für Aufgabe 1

$$T_{\Phi 1} = \frac{7\cdot 6 - 1\cdot 2}{\sqrt{(7+1)\cdot(2+6)\cdot(7+2)\cdot(1+6)}} = \frac{42 - 2}{\sqrt{8\cdot 8\cdot 9\cdot 7}} = 0{,}63$$

Etwas bequemer kann T_Φ berechnet werden mit

$$T_\Phi = \frac{(a-c)}{\sqrt{(a+c)\cdot(b+d)}} = \frac{(d-b)}{\sqrt{(a+c)\cdot(b+d)}}.\ [15]\ \text{Dann wird}$$

$$T_{\Phi 1} = \frac{(7-2)}{\sqrt{(7+2)\cdot(1+6)}} = \frac{5}{\sqrt{9\cdot 7}} = \frac{5}{\sqrt{63}} = \frac{5}{7{,}94} = 0{,}63 \text{ oder}$$

$$T_{\Phi 1} = \frac{(6-1)}{\sqrt{(7+2)\cdot(1+6)}} = \frac{5}{\sqrt{9\cdot 7}} = \frac{5}{\sqrt{63}} = \frac{5}{7{,}94} = 0{,}63$$

Am elegantesten ist es, T_Φ mit folgender Formel zu berechnen:

$$T_\Phi = \frac{a-c}{N}\cdot\frac{1}{\sqrt{P-P^2}}.\ \text{Mit } P = \frac{a+c}{N} \text{ für Aufgabe 1 wird } P =$$

$$\frac{7+2}{16} = \frac{9}{16} = 0{,}56, \text{ weshalb } T_{\Phi 1} = \frac{7-2}{16}\cdot\frac{1}{\sqrt{0{,}56 - 0{,}56^2}}$$

---

[15] Ein Manuskriptdruck der mathematischen Grundlagen zur Berechnung des T_Φ-Koeffizienten kann per E-Mail beim Autor abgerufen werden: E-Mail: u.a.michelsen@gmx.de.

$$T_{\Phi 1} = \frac{5}{16} \cdot \frac{1}{\sqrt{0{,}56 - 0{,}56^2}} = \frac{5}{16} \cdot \frac{1}{\sqrt{0{,}56 - 0{,}31}} = \frac{5}{16} \cdot \frac{1}{\sqrt{0{,}25}}$$

$$T_{\Phi 1} = \frac{5}{16} \cdot \frac{1}{0{,}5} = \frac{5}{16} \cdot 2 = \frac{10}{16} = 0{,}63$$

Folgende Werte dienen zur Berechnung des T_Φ – Wertes unserer Aufgaben 1 bis 8:

Auf-gabe Nr.	Wert				$P = \frac{a + c}{N}$ mit $N = 16$
	a	b	c	d	
1	7	1	2	2	0,56
2	7	1	2	6	0,56
3	7	1	3	5	0,63
4	2	6	0	8	0,13
5	6	2	2	6	0,50
6	8	0	7	1	0,94
7	7	1	2	6	0,56
8	8	0	1	7	0,56

Es liegt nahe, in der Formel zur Berechnung von

$$T_\Phi = \frac{a - c}{N} \cdot \frac{1}{\sqrt{P - P^2}}$$

den Quotienten $\dfrac{1}{\sqrt{P - P^2}}$ für Werte von $P = 0{,}001$ bis $0{,}999$

in einer Tabelle zu erfassen:

41

P	$\dfrac{1}{\sqrt{P-P^2}}$	1 − P	P	$\dfrac{1}{\sqrt{P-P^2}}$	1 − P	P	$\dfrac{1}{\sqrt{P-P^2}}$	1 − P
0,001	31,639	0,999	0,061	4,178	0,939	0,121	3,066	0,879
0,002	22,383	0,998	0,062	4,147	0,938	0,122	3,055	0,878
0,003	18,285	0,997	0,063	4,116	0,937	0,123	3,045	0,877
0,004	15,843	0,996	0,064	4,086	0,936	0,124	3,034	0,876
0,005	14,178	0,995	0,065	4,056	0,935	0,125	3,024	0,875
0,006	12,949	0,994	0,066	4,028	0,934	0,126	3,013	0,874
0,007	11,994	0,993	0,067	4,000	0,933	0,127	3,003	0,873
0,008	11,225	0,992	0,068	3,972	0,932	0,128	2,993	0,872
0,009	10,589	0,991	0,069	3,945	0,931	0,129	2,983	0,871
0,010	10,050	0,990	0,070	3,919	0,930	0,130	2,974	0,870
0,011	9,588	0,989	0,071	3,894	0,929	0,131	2,964	0,869
0,012	9,184	0,988	0,072	3,869	0,928	0,132	2,954	0,868
0,013	8,828	0,987	0,073	3,844	0,927	0,133	2,945	0,867
0,014	8,511	0,986	0,074	3,820	0,926	0,134	2,936	0,866
0,015	8,227	0,985	0,075	3,797	0,925	0,135	2,926	0,865
0,016	7,970	0,984	0,076	3,774	0,924	0,136	2,917	0,864
0,017	7,736	0,983	0,077	3,751	0,923	0,137	2,908	0,863
0,018	7,522	0,982	0,078	3,729	0,922	0,138	2,899	0,862
0,019	7,325	0,981	0,079	3,707	0,921	0,139	2,891	0,861
0,020	7,143	0,980	0,080	3,686	0,920	0,140	2,882	0,860
0,021	6,974	0,979	0,081	3,665	0,919	0,141	2,873	0,859
0,022	6,817	0,978	0,082	3,645	0,918	0,142	2,865	0,858
0,023	6,671	0,977	0,083	3,625	0,917	0,143	2,857	0,857
0,024	6,534	0,976	0,084	3,605	0,916	0,144	2,848	0,856
0,025	6,405	0,975	0,085	3,586	0,915	0,145	2,840	0,855
0,026	6,284	0,974	0,086	3,567	0,914	0,146	2,832	0,854
0,027	6,170	0,973	0,087	3,548	0,913	0,147	2,824	0,853
0,028	6,062	0,972	0,088	3,530	0,912	0,148	2,816	0,852
0,029	5,959	0,971	0,089	3,512	0,911	0,149	2,808	0,851
0,030	5,862	0,970	0,090	3,494	0,910	0,150	2,801	0,850
0,031	5,770	0,969	0,091	3,477	0,909	0,151	2,793	0,849
0,032	5,682	0,968	0,092	3,460	0,908	0,152	2,785	0,848
0,033	5,598	0,967	0,093	3,443	0,907	0,153	2,778	0,847
0,034	5,518	0,966	0,094	3,427	0,906	0,154	2,770	0,846
0,035	5,441	0,965	0,095	3,410	0,905	0,155	2,763	0,845
0,036	5,368	0,964	0,096	3,395	0,904	0,156	2,756	0,844
0,037	5,298	0,963	0,097	3,379	0,903	0,157	2,749	0,843
0,038	5,230	0,962	0,098	3,363	0,902	0,158	2,742	0,842
0,039	5,165	0,961	0,099	3,348	0,901	0,159	2,735	0,841
0,040	5,103	0,960	0,100	3,333	0,900	0,160	2,728	0,840
0,041	5,043	0,959	0,101	3,319	0,899	0,161	2,721	0,839
0,042	4,985	0,958	0,102	3,304	0,898	0,162	2,714	0,838
0,043	4,930	0,957	0,103	3,290	0,897	0,163	2,707	0,837
0,044	4,876	0,956	0,104	3,276	0,896	0,164	2,701	0,836
0,045	4,824	0,955	0,105	3,262	0,895	0,165	2,694	0,835
0,046	4,774	0,954	0,106	3,248	0,894	0,166	2,688	0,834
0,047	4,725	0,953	0,107	3,235	0,893	0,167	2,681	0,833
0,048	4,678	0,952	0,108	3,222	0,892	0,168	2,675	0,832
0,049	4,632	0,951	0,109	3,209	0,891	0,169	2,668	0,831
0,050	4,588	0,950	0,110	3,196	0,890	0,170	2,662	0,830
0,051	4,546	0,949	0,111	3,183	0,889	0,171	2,656	0,829
0,052	4,504	0,948	0,112	3,171	0,888	0,172	2,650	0,828
0,053	4,464	0,947	0,113	3,159	0,887	0,173	2,644	0,827
0,054	4,424	0,946	0,114	3,147	0,886	0,174	2,638	0,826
0,055	4,386	0,945	0,115	3,135	0,885	0,175	2,632	0,825
0,056	4,349	0,944	0,116	3,123	0,884	0,176	2,626	0,824
0,057	4,313	0,943	0,117	3,111	0,883	0,177	2,620	0,823
0,058	4,278	0,942	0,118	3,100	0,882	0,178	2,614	0,822
0,059	4,244	0,941	0,119	3,088	0,881	0,179	2,609	0,821
0,060	4,211	0,940	0,120	3,077	0,880	0,180	2,603	0,820

42

P	$\dfrac{1}{\sqrt{P-P^2}}$	$1-P$	P	$\dfrac{1}{\sqrt{P-P^2}}$	$1-P$	P	$\dfrac{1}{\sqrt{P-P^2}}$	$1-P$
0,181	2,597	0,819	0,241	2,338	0,759	0,301	2,180	0,699
0,182	2,592	0,818	0,242	2,335	0,758	0,302	2,178	0,698
0,183	2,586	0,817	0,243	2,332	0,757	0,303	2,176	0,697
0,184	2,581	0,816	0,244	2,328	0,756	0,304	2,174	0,696
0,185	2,575	0,815	0,245	2,325	0,755	0,305	2,172	0,695
0,186	2,570	0,814	0,246	2,322	0,754	0,306	2,170	0,694
0,187	2,565	0,813	0,247	2,319	0,753	0,307	2,168	0,693
0,188	2,559	0,812	0,248	2,316	0,752	0,308	2,166	0,692
0,189	2,554	0,811	0,249	2,312	0,751	0,309	2,164	0,691
0,190	2,549	0,810	0,250	2,309	0,750	0,310	2,162	0,690
0,191	2,544	0,809	0,251	2,306	0,749	0,311	2,160	0,689
0,192	2,539	0,808	0,252	2,303	0,748	0,312	2,158	0,688
0,193	2,534	0,807	0,253	2,300	0,747	0,313	2,157	0,687
0,194	2,529	0,806	0,254	2,297	0,746	0,314	2,155	0,686
0,195	2,524	0,805	0,255	2,294	0,745	0,315	2,153	0,685
0,196	2,519	0,804	0,256	2,291	0,744	0,316	2,151	0,684
0,197	2,514	0,803	0,257	2,288	0,743	0,317	2,149	0,683
0,198	2,509	0,802	0,258	2,286	0,742	0,318	2,147	0,682
0,199	2,505	0,801	0,259	2,283	0,741	0,319	2,146	0,681
0,200	2,500	0,800	0,260	2,280	0,740	0,320	2,144	0,680
0,201	2,495	0,799	0,261	2,277	0,739	0,321	2,142	0,679
0,202	2,491	0,798	0,262	2,274	0,738	0,322	2,140	0,678
0,203	2,486	0,797	0,263	2,271	0,737	0,323	2,138	0,677
0,204	2,482	0,796	0,264	2,269	0,736	0,324	2,137	0,676
0,205	2,477	0,795	0,265	2,266	0,735	0,325	2,135	0,675
0,206	2,473	0,794	0,266	2,263	0,734	0,326	2,133	0,674
0,207	2,468	0,793	0,267	2,260	0,733	0,327	2,132	0,673
0,208	2,464	0,792	0,268	2,258	0,732	0,328	2,130	0,672
0,209	2,459	0,791	2,269	2,255	0,731	0,329	2,128	0,671
0,210	2,455	0,790	0,270	2,252	0,730	0,330	2,127	0,670
0,211	2,451	0,789	0,271	2,250	0,729	0,331	2,125	0,669
0,212	2,447	0,788	0,272	2,247	0,728	0,332	2,123	0,668
0,213	2,442	0,787	0,273	2,245	0,727	0,333	2,122	0,667
0,214	2,438	0,786	0,274	2,242	0,726	0,334	2,120	0,666
0,215	2,434	0,785	0,275	2,240	0,725	0,335	2,119	0,665
0,216	2,430	0,784	0,276	2,237	0,724	0,336	2,117	0,664
0,217	2,426	0,783	0,277	2,235	0,723	0,337	2,116	0,663
0,218	2,422	0,782	0,278	2,232	0,722	0,338	2,114	0,662
0,219	2,418	0,781	0,279	2,230	0,721	0,339	2,113	0,661
0,220	2,414	0,780	0,280	2,227	0,720	0,340	2,111	0,660
0,221	2,410	0,779	0,281	2,225	0,719	0,341	2,110	0,659
0,222	2,406	0,778	0,282	2,222	0,718	0,342	2,108	0,658
0,223	2,402	0,777	0,283	2,220	0,717	0,343	2,107	0,657
0,224	2,399	0,776	0,284	2,218	0,716	0,344	2,105	0,656
0,225	2,395	0,775	0,285	2,215	0,715	0,345	2,104	0,655
0,226	2,391	0,774	0,286	2,213	0,714	0,346	2,102	0,654
0,227	2,387	0,773	0,287	2,211	0,713	0,347	2,101	0,653
0,228	2,384	0,772	0,288	2,208	0,712	0,348	2,099	0,652
0,229	2,380	0,771	0,289	2,206	0,711	0,349	2,098	0,651
0,230	2,376	0,770	0,290	2,204	0,710	0,350	2,097	0,650
0,231	2,373	0,769	0,291	2,202	0,709	0,351	2,095	0,649
0,232	2,369	0,768	0,292	2,199	0,708	0,352	2,094	0,648
0,233	2,366	0,767	0,293	2,197	0,707	0,353	2,092	0,647
0,234	2,362	0,766	0,294	2,195	0,706	0,354	2,091	0,646
0,235	2,358	0,765	0,295	2,193	0,705	0,355	2,090	0,645
0,236	2,355	0,764	0,296	2,191	0,704	0,356	2,088	0,644
0,237	2,352	0,763	0,297	2,188	0,703	0,357	2,087	0,643
0,238	2,348	0,762	0,298	2,186	0,702	0,358	2,086	0,642
0,239	2,345	0,761	0,299	2,184	0,701	0,359	2,085	0,641
0,240	2,341	0,760	0,300	2,182	0,700	0,360	2,083	0,640

P	$\dfrac{1}{\sqrt{P - P^2}}$	1 − P	P	$\dfrac{1}{\sqrt{P - P^2}}$	1 − P	P	$\dfrac{1}{\sqrt{P - P^2}}$	1 − P
0,361	2,082	0,639	0,411	2,032	0,589	0,461	2,006	0,539
0,362	2,081	0,638	0,412	2,032	0,588	0,462	2,006	0,538
0,363	2,080	0,637	0,413	2,031	0,587	0,463	2,005	0,537
0,364	2,078	0,636	0,414	2,030	0,586	0,464	2,005	0,536
0,365	2,077	0,635	0,415	2,030	0,585	0,465	2,005	0,535
0,366	2,076	0,634	0,416	2,029	0,584	0,466	2,005	0,534
0,367	2,075	0,633	0,417	2,028	0,583	0,467	2,004	0,533
0,368	2,074	0,632	0,418	2,027	0,582	0,468	2,004	0,532
0,369	2,072	0,631	0,419	2,027	0,581	0,469	2,004	0,531
0,370	2,071	0,630	0,420	2,026	0,580	0,470	2,004	0,530
0,371	2,070	0,629	0,421	2,025	0,579	0,471	2,003	0,529
0,372	2,069	0,628	0,422	2,025	0,578	0,472	2,003	0,528
0,373	2,068	0,627	0,423	2,024	0,577	0,473	2,003	0,527
0,374	2,067	0,626	0,424	2,024	0,576	0,474	2,003	0,526
0,375	2,066	0,625	0,425	2,023	0,575	0,475	2,003	0,525
0,376	2,064	0,624	0,426	2,022	0,574	0,476	2,002	0,524
0,377	2,063	0,623	0,427	2,022	0,573	0,477	2,002	0,523
0,378	2,062	0,622	0,428	2,021	0,572	0,478	2,002	0,522
0,379	2,061	0,621	0,429	2,020	0,571	0,479	2,002	0,521
0,380	2,060	0,620	0,430	2,020	0,570	0,480	2,002	0,520
0,381	2,059	0,619	0,431	2,019	0,569	0,481	2,001	0,519
0,382	2,058	0,618	0,432	2,019	0,568	0,482	2,001	0,518
0,383	2,057	0,617	0,433	2,018	0,567	0,483	2,001	0,517
0,384	2,056	0,616	0,434	2,018	0,566	0,484	2,001	0,516
0,385	2,055	0,615	0,435	2,017	0,565	0,485	2,001	0,515
0,386	2,054	0,614	0,436	2,017	0,564	0,486	2,001	0,514
0,387	2,053	0,613	0,437	2,016	0,563	0,487	2,001	0,513
0,388	2,052	0,612	0,438	2,016	0,562	0,488	2,001	0,512
0,389	2,051	0,611	0,439	2,015	0,561	0,489	2,000	0,511
0,390	2,050	0,610	0,440	2,015	0,560	0,490	2,000	0,510
0,391	2,049	0,609	0,441	2,014	0,559	0,491	2,000	0,509
0,392	2,048	0,608	0,442	2,014	0,558	0,492	2,000	0,508
0,393	2,047	0,607	0,443	2,013	0,557	0,493	2,000	0,507
0,394	2,047	0,606	0,444	2,013	0,556	0,494	2,000	0,506
0,395	2,046	0,605	0,445	2,012	0,555	0,495	2,000	0,505
0,396	2,045	0,604	0,446	2,012	0,554	0,496	2,000	0,504
0,397	2,044	0,603	0,447	2,011	0,553	0,497	2,000	0,503
0,398	2,043	0,602	0,448	2,011	0,552	0,498	2,000	0,502
0,399	2,042	0,601	0,449	2,010	0,551	0,499	2,000	0,501
0,400	2,041	0,600	0,450	2,010	0,550	0,500	2,000	0,500
0,401	2,040	0,599	0,451	2,010	0,549			
0,402	2,040	0,598	0,452	2,009	0,548			
0,403	2,039	0,597	0,453	2,009	0,547			
0,404	2,038	0,596	0,454	2,009	0,546			
0,405	2,037	0,595	0,455	2,008	0,545			
0,406	2,036	0,594	0,456	2,008	0,544			
0,407	2,036	0,593	0,457	2,007	0,543			
0,408	2,035	0,592	0,458	2,007	0,542			
0,409	2,034	0,591	0,459	2,007	0,541			
0,410	2,033	0,590	0,460	2,006	0,540			

Mit den Werten der Tabelle auf S. 42 bis 44 und den entsprechenden Werten auf S. 41 erhalten wir für

$$T_{\Phi 1} = \frac{a-c}{N} \cdot \frac{1}{\sqrt{P-P^2}} = \frac{7-2}{16} \cdot 2{,}015 = \frac{5 \cdot 2{,}015}{16} = 0{,}63,$$

$$T_{\Phi 2} = \frac{a-c}{N} \cdot \frac{1}{\sqrt{P-P^2}} = \frac{7-2}{16} \cdot 2{,}015 = \frac{5 \cdot 2{,}015}{16} = 0{,}63,$$

$$T_{\Phi 3} = \frac{a-c}{N} \cdot \frac{1}{\sqrt{P-P^2}} = \frac{7-3}{16} \cdot 2{,}071 = \frac{4 \cdot 2{,}071}{16} = 0{,}52,$$

$$T_{\Phi 4} = \frac{a-c}{N} \cdot \frac{1}{\sqrt{P-P^2}} = \frac{2-0}{16} \cdot 2{,}974 = \frac{2 \cdot 2{,}974}{16} = 0{,}37,$$

$$T_{\Phi 5} = \frac{a-c}{N} \cdot \frac{1}{\sqrt{P-P^2}} = \frac{6-2}{16} \cdot 2{,}000 = \frac{4 \cdot 2{,}000}{16} = 0{,}50,$$

$$T_{\Phi 6} = \frac{a-c}{N} \cdot \frac{1}{\sqrt{P-P^2}} = \frac{8-7}{16} \cdot 4{,}211 = \frac{1 \cdot 4{,}211}{16} = 0{,}26,$$

$$T_{\Phi 7} = \frac{a-c}{N} \cdot \frac{1}{\sqrt{P-P^2}} = \frac{7-2}{16} \cdot 2{,}015 = \frac{5 \cdot 2{,}015}{16} = 0{,}63,$$

$$T_{\Phi 8} = \frac{a-c}{N} \cdot \frac{1}{\sqrt{P-P^2}} = \frac{8-1}{16} \cdot 2{,}015 = \frac{7 \cdot 2{,}015}{16} = 0{,}88.$$

Ob ein signifikanter Zusammenhang zwischen diesen T_{Φ}-Werten besteht, lässt sich mit dem Chi^2-Test überprüfen, wobei

$$Chi^2 = N \cdot T_{\Phi}^2 \text{ mit df} = 1.$$

Schlägt man in der Tabelle der Chi^2-Verteilung nach, so ergibt sich bei fixierter Sicherheitswahrscheinlichkeit von 95 % (Irrtumswahrscheinlichkeit p = 0,05) und df = 1 ein „kritischer" Chi^2-Wert von 3,84. Wenn Chi^2 mindestens

3,84 ist, kann die Nullhypothese mit einer Irrtumswahrscheinlichkeit von p = 0,05 verworfen werden. Dann gibt es einen signifikanten Unterschied zwischen den sogenannten „besseren" und „schlechteren" Probanden. In nachfolgender Tabelle werden die Chi^2-Werte $T_{\Phi1}$ bis $T_{\Phi8}$ miteinander verglichen:

Aufgabe	$Chi^2 = N \cdot T_\Phi^2$	Aufgabe	$Chi^2 = N \cdot T_\Phi^2$
$T_{\Phi1}$	$16 \cdot 0{,}63^2 = 6{,}35$	$T_{\Phi5}$	$16 \cdot 0{,}50^2 = 4{,}00$
$T_{\Phi2}$	$16 \cdot 0{,}63^2 = 6{,}35$	$T_{\Phi6}$	$16 \cdot 0{,}26^2 = 1{,}08$
$T_{\Phi3}$	$16 \cdot 0{,}52^2 = 4{,}32$	$T_{\Phi7}$	$16 \cdot 0{,}63^2 = 6{,}35$
$T_{\Phi4}$	$16 \cdot 0{,}37^2 = 2{,}19$	$T_{\Phi8}$	$16 \cdot 0{,}88^2 = 12{,}39$

Bei den Aufgaben 4 und 6 liegt somit kein signifikanter Unterschied zwischen den „besseren" und „schlechteren" Probanden vor.

Eine besonders anwenderfreundliche Möglichkeit zur Bestimmung des T_Φ-Wertes bietet die Berechnung des Quotienten $\frac{a}{N}$ und $\frac{c}{N}$ sowie von $P = \frac{a+c}{N}$ bis auf zwei Nachkommastellen und deren Einsatz in folgendem Nomogramm: Das Nomogramm gilt auch für Punktwerte $p_{max} > 1$:[16]

---

[16] Vgl. Michelsen 1983, S. 199.
Ein Manuskriptdruck der mathematischen Grundlagen zur Berechnung des T_Φ-Koeffizienten, insbesondere zum Monogramm zur Bestimmung der Qualität des Trennschärfekoeffizienten kann beim Autor abgerufen werden: u.a.michelsen@gmx.de.

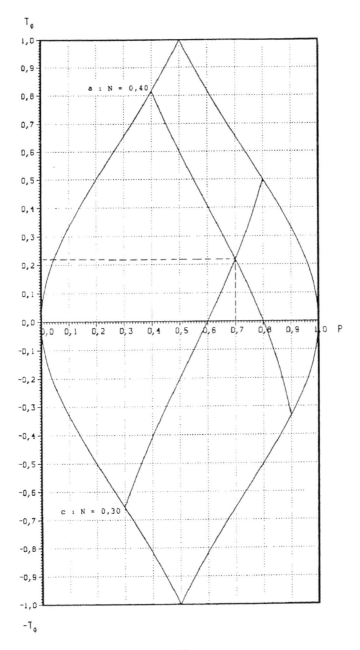

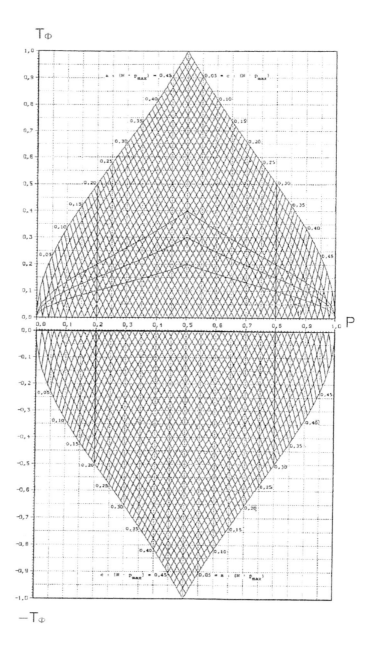

48

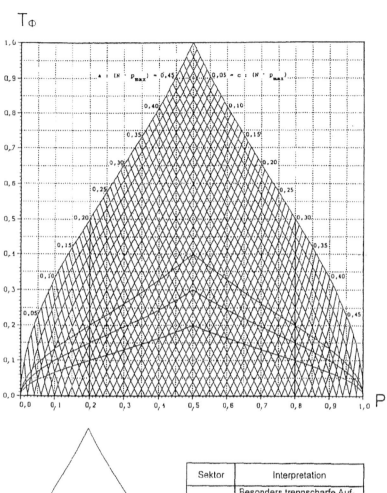

Sektor	Interpretation
A	Besonders trennscharfe Aufgabe
B	Trennscharfe Aufgabe, Verbesserung ist möglich
C	Weniger trennscharfe Aufgabe, Verbesserung ist notwendig
D	Aufgabe mit zu geringer oder sogar negativer Trennschärfe; Ausschluss oder Revision

49

Mit den für jede Aufgabe sich ergebenden Werten von (a : N) und (c : N) „fahren" wir in voranstehendem Nomogramm entlang der diesen Werten entsprechenden Kurven. Der Schnittpunkt beider Kurven liefert uns die Koordinaten des Punktes (P,TΦ). Alternativ hierzu kann auch auf die Werte von (a : N) und P = (a + c) : N zurückgegriffen werden. TΦ lässt sich dann, ausgehend vom Schnittpunkt der den Werten von (a : N) entsprechenden Kurve, mit dem über P errichteten Lot bestimmen (vgl. S, 47).

Mit den Werten In folgender Tabelle wird - mit Hilfe des Nomogrammes auf Seite 49 - die Qualität von TΦ ermittelt:

:

Aufgabe Nr.	Wert				
	a : N	c : N	$P = \frac{a+c}{N}$	TΦ	Qualität [17]
1	0,44	0,13	0,56	0,63	A
2	0,44	0,13	0,56	0,63	A
3	0,44	0,19	0,63	0,52	A
4	0,13	0,00	0,13	0,37	B
5	0,38	0,13	0,50	0,50	A
6	0,50	0,44	0,94	0,26	C
7	0,44	0,13	0,56	0,63	A
8	0,50	0,06	0,56	0,88	A

[17] Die den Sektoren des obigen Nomogrammes entnommenen Qualitätskriterien entsprechen den Werten zur Beurteilung der Trennschärfengüte auf Seite 25.

Bei der Interpretation der Qualität des Trennschärfekoeffizienten mit Hilfe des Nomogrammes ist es sinnvoll, die zugehörige Aufgabenschwierigkeit zu berücksichtigen. Aufgaben mit einem Schwierigkeitsgrad von $P < 0{,}2$ gelten im allgemeinen als zu schwer, Aufgaben mit einem Schwierigkeitsgrad von $P > 0{,}8$ hingegen als zu leicht.

Erwähnt sei ferner, dass es sich bei den vier die Sektoren A bis D umschließenden Kurven

$$T_{\Phi 1} = \sqrt{\frac{P}{1-P}}, \quad T_{\Phi 2} = -\sqrt{\frac{P}{1-P}}, \quad T_{\Phi 3} = \sqrt{\frac{1-P}{P}} \text{ und } T_{\Phi 4} = -\sqrt{\frac{1-P}{P}}$$

nicht – wie zuweilen behauptet [18] – um paraboloide Formen handelt. Dies bestätigt die Möglichkeit, für diese Kurven die Wendepunkte

$$w_1 = \left[\frac{1}{4}\Big| \frac{1}{\sqrt{3}}\right], \quad w_2 = \left[\frac{1}{4}\Big| -\frac{1}{\sqrt{3}}\right], \quad w_3 = \left[\frac{3}{4}\Big| \frac{1}{\sqrt{3}}\right] \text{ und}$$

$$w_4 = \left[\frac{3}{4}\Big| -\frac{1}{\sqrt{3}}\right]$$

zu berechnen. [19] Streng genommen handelt es sich nicht um einen funktionalen Zusammenhang zwischen P und T_Φ, den die Funktionen $y^2 = P : (1 - P)$ und $y^2 = (1 - P) : P$

---

[18] Vgl. z.B. Lienert 1969, S. 40 und 125.
[19] Ein Manuskriptdruck der mathematischen Grundlagen zur Berechnung des T_Φ-Koeffizienten, insbesondere zum Monogramm zur Bestimmung der Qualität des Trennschärfekoeffizienten kann beim Autor abgerufen werden: u.a.michelsen@gmx.de.

beschreiben; diese Funktionen erlauben es nämlich nicht, aus einem gegebenen P-Wert mit Gewissheit die genaue Trennschärfe zu berechnen. Sie umgrenzen „lediglich" den Raum möglicher Punkte mit den Koordinaten P und T_Φ.

Eindeutig allerdings ist, dass nur Aufgaben mittlerer Schwierigkeit – Aufgaben mit P $= 0{,}5$ – die maximale Trennschärfe $T_\Phi = 1$ aufweisen können.

Eine zutreffende und anschauliche Erläuterung dessen gibt Gustav Lienert. Hierbei geht er davon aus, dass die Trennschärfe, als ein Maß für die Anzahl der möglichen individuellen Differenzierungen, die für eine Aufgabe möglich sind, vom Schwierigkeitsgrad abhängt:

„Wenn eine bestimmte Aufgabe von z.B. 50 Probanden aus einer Stichprobe von 100 richtig beantwortet wird, so differenziert diese Aufgabe zwischen jedem der 50 Probanden, der die Aufgabe beantwortet hat, und jedem der 50 Probanden, der die Aufgabe nicht beantwortet hat. Die Aufgabe hat also $50 \cdot 50 = 2500$ Unterscheidungen getroffen. Wenn nun eine Aufgabe von 20 % aus N $= 100$ Probanden richtig beantwortet wird, so unterscheidet sie zwischen $20 \cdot 80 = 1600$ Probanden-Paaren; wenn sie von 5 % richtig beantwortet wird – ebenso auch, wenn sie von 95 % richtig beantwortet wird – , so ergeben sich $5 \cdot 95 = 475$ Unterscheidungen; und wenn sie schließlich von 1 % oder 99 % richtig beantwortet werden, so bleibt ein Minimum von $1 \cdot 99 = 99$ Unterscheidungen. Eine Aufgabe von 50 %iger Schwierigkeit trifft also weit mehr Unterscheidungen als eine solche von 5 %iger Schwierigkeit und besitzt somit – unter sonst gleichen Bedingungen – bessere Voraussetzungen für eine hohe Trennschärfe. [20]

Auffallend aber ist, dass die ermittelten T_Φ-Werte durchgehend erheblich größer ausfallen als die zugehörigen Werte des punktbiserialen Korrelationskoeffizienten r_{pb}. Durchschnittlich ist T_Φ etwa um das Anderthalbfache größer als r_{pb}. Bei einer Division der jeweiligen T_Φ-Werte durch 1,5 ergeben sich recht brauchbare Näherungswerte an den punktbiserialen Korrelationskoeffizienten r_{pb}:

Aufgabe	T_Φ	T_Φ : 1,5	r_{pb}
1	0,63	0,42	0,38
2	0,63	0,42	0,38
3	0,52	0,35	0,37
4	0,37	0,25	0,26
5	0,50	0,33	0,38
6	0,26	0,17	0,18
7	0,68	0,45	0,38
8	0,88	0,59	0,38

[20] Lienert 1969, S. 126.

Ob es sinnvoll ist, stets mit der Formel T_Φ :1,5 zu arbeiten, sollte in zahlreichen Untersuchungen mit auch größeren Probanden- und Aufgabenzahlen überprüft werden!

2.5   Trennschärfeberechnung nach Fricke

Die bisher beschriebenen Trennschärfeberechnungen werden von den Vertretern der lehrzielbezogenen Leistungsmessung kritisiert, weil die Korrelation einzelner Aufgabenleistungen mit dem Gesamtwert in lehrzielbezogenen Tests kein angemessenes Trennschärfemaß sei; bedeutsamer hingegen sei der Zusammenhang zwischen den Einzelleistungen und der Lernzielerreichung. Dann gilt für eine trennscharfe Aufgabe: Probanden, die sie lösen, erreichen das Lehrziel häufiger als jene, die sie nicht lösen. [21] Zur Berechnung der Trennschärfe verwendet Fricke folgende Matrix:

Lehrziel	Testaufgabe	
	gelöst	nicht gelöst
erreicht	a	b
nicht erreicht	c	d

Gesamtzahl der Probanden = N = a + b + c + d

---

[21] Vgl. Wendeler 1976, S. 66.

Zur Berechnung des Trennschärfekoeffizienten nach Fricke dient folgende tabellarische Übersicht, wobei ein Lehrziel als erreicht gewertet wird, wenn die Hälfte aller Aufgaben gelöst wurden:

Auf-gabe	Proband															
	1	2	3	4	5	6	7	8	9	10	11	12	13	14	15	16
	Aufgabe gelöst: 1 oder Aufgabe nicht gelöst: 0 Lehrziel erreicht: + oder Lehrziel nicht erreicht: −															
1	1	1	1	1	1	1	1	0	1	0	0	1	0	0	0	0
	+	+	+	+	+	+	+	+	+	+	−	−	−	−	−	−
2	1	1	1	1	1	0	1	1	1	0	1	0	0	0	0	0
	+	+	+	+	+	+	+	+	+	+	−	−	−	−	−	−
3	1	1	1	1	0	1	1	1	0	1	0	0	1	1	0	0
	+	+	+	+	+	+	+	+	+	+	−	−	−	−	−	−
4	1	0	1	0	0	0	0	0	0	0	0	0	0	0	0	0
	+	+	+	+	+	+	+	+	+	+	−	−	−	−	−	−
5	1	1	0	1	1	1	1	0	1	1	0	0	0	0	0	0
	+	+	+	+	+	+	+	+	+	+	−	−	−	−	−	−
6	1	1	1	1	1	1	1	1	0	1	1	1	1	1	1	1
	+	+	+	+	+	+	+	+	+	+	−	−	−	−	−	−
7	1	1	1	1	1	1	0	1	1	0	1	0	0	0	0	0
	+	+	+	+	+	+	+	+	+	+	−	−	−	−	−	−
8	1	1	1	1	1	1	1	1	0	1	0	0	0	0	0	0
	+	+	+	+	+	+	+	+	+	+	−	−	−	−	−	−

Am Beispiel der 1. Aufgabe wird – ausgehend von obiger Matrix – gezeigt, wie die Trennschärfeberechnung nach Fricke erfolgt:

Lehrziel	Testaufgabe	
	gelöst	nicht gelöst
erreicht	a = 8	b = 2
nicht erreicht	c = 1	d = 5

Frickes Übereinstimmungskoeffizient Ü wird wie folgt berechnet: [22]

$$\ddot{U} = \frac{a + d}{N}$$

$$= \frac{8 + 5}{16} = \frac{13}{16} = 0,81$$

Um festzustellen, ob die ermittelte Übereinstimmung hoch genug ist, wird der zugehörige Chi²- Wert berechnet:

$$Chi^2 = \frac{2N}{N-1} \cdot (b+c),$$

wobei der Freiheitsgrad df = N ist.

---

[22] Vgl. Fricke 1973, S. 129.

Für eine Irrtumswahrscheinlichkeit von 5 % und die Freiheitsgrade df von 1 bis 50 gelten folgende Chi^2 - Werte:

df = N	Chi^2	df	Chi^2
1	0,004	21	11,59
2	0,10	22	12,34
3	0,35	23	13,09
4	0,71	24	13,85
5	1,14	25	14,61
6	1,64	26	15,38
7	2,17	27	16,15
8	2,73	28	19,93
9	3,32	29	17,71
10	3,94	30	18,49
11	4,58	32	20,07
12	5,23	34	21,66
13	5,89	36	23,27
14	6,57	38	24,88
15	7,26	40	26,51
16	7,96	42	28,14
17	8,67	44	29,79
18	9,39	46	31,44
19	10,12	48	33,10
20	10,85	50	34,76

Liegt der Chi^2 – Wert unter dem zutreffenden Tabellen-
wert, ist die Aufgabe trennscharf genug!

Für Aufgabe 1 mit df = N = 16 gilt:

$$Chi^2 = \frac{2\,N}{N-1} \cdot (b+c) = \frac{2 \cdot 16}{16-1} \cdot (2+1) = 2,13 \cdot 3 = 6,39.$$

$6,39 < 7,96$. Aufgabe 1 ist also trennscharf.

Ausgehend vom Beispiel der Aufgabe 1 werden die Ü − Werte der Aufgaben 2 bis 8 berechnet:

Aufgabe Nr.	Chi²	trennscharf [23]		$Ü = \frac{a+d}{N}$	r_{pb}	$\frac{Ü}{2,5} = 0,4 \cdot Ü$
		ja	nein			
1	6,39	x		0,81	0,38	0,32
2	2,13	x		0,94	0,38	0,38
3	8,53		x	0,75	0,37	0,30
4	17,07		x	0,50	0,26	0,20
5	4,27	x		0,88	0,38	0,35
6	14,93		x	0,56	0,18	0,22
7	6,40	x		0,81	0,38	0,32
8	2,13	x		0,94	0,38	0,38

Im Durchschnitt ist Ü etwa um das Zweieinhalbfache grö-ßer als r_{pb}. Bei einer Division der jeweiligen Ü-Werte durch 2,5 − das entspricht der Muliplikation von Ü mit 0,4 − er-geben sich durchaus brauchbare Näherungswerte an den punktbiserialen Korrelationskoeffizienten r_{pb}. Ob es sinn-

---

[23] Für df = N = 16 und Chi² − Werte $< 7,96$ sind die Aufgaben trennscharf.

voll ist, die Werte von Ü stets mit 0,4 zu muliplizieren, sollte in zahlreichen Untersuchungen mit auch größeren Probanden- und Aufgabenzahlen überprüft werden!

2.6 Vergleich der Methoden zur Trennschärfeberechnung mit r_{pb}

Methode		Aufgabe							
		1	2	3	4	5	6	7	8
		Qualität							
1	Punktbiserialer Korrelationskoeffizient r_{pb}	B	B	B	C	B	D	B	B
2	$0,5 \cdot$ D-Wert nach Stanley und Hopkins	A	A	C	C	B	D	A	A
3	$1,5 \cdot \dfrac{b-s}{N}$ nach Diederich	A	A	B	C	B	D	A	A
4	$\dfrac{2}{3} \cdot T_\Phi = 0,67 \cdot T_\Phi$	A	A	B	C	B	D	A	A
5	$0,4 \cdot$ Ü-Koeffizient nach Fricke	B	B	B	C	B	D	A	A

Die Qualität entspricht den von Ebel vorgeschlagenen Werten (vgl. S. 25):

Trennschärfekoeffizient T		Interpretation
A =	T ≥ 0,4	Sehr gute Testaufgabe
B =	0,30 ≤ T ≤ 0,39	Brauchbare Testaufgabe, Verbesserung ist möglich.
C =	0,20 ≤ T ≤ 0,29	Weniger brauchbare, zu verbessernde Testaufgabe.
D =	T ≤ 0,19	Unbrauchbare, revisionsbedürftige Testaufgabe.

Im Verhältnis zu den mit der punktbiserialen Korrelation ermittelten Trennschärfekoeffizienten ergeben die Berechnungen nach Stanley und Hopkins, Diederich, T_Φ und Fricke deutlich höhere Werte. Diese können, die durchschnittliche Abweichung von r_{pb} berücksichtigend, durch Multiplikation mit 0,5, 1,5, 0,67 und 0,4 als brauchbare Näherungswerte der punktbiserialen Korrelation gelten. [24] Dennoch ergeben sich bei den hier vorgestellten Methoden zur Berechnung der Trennschärfe besonders häufig Werte der Qualität A. Alles in allem aber, auch wenn statt der Qualität A, bei ihr handelt es sich um eine sehr gute Testaufgabe, eigentlich oftmals „nur" Qualität B für eine brauchbare Testaufgabe hätte vergeben werden dürfen, erlauben es die behandelten Näherungswerte zur Trennschärfeberechnung durchaus, brauchbare von unbrauchbaren Testaufgaben zu unterscheiden. Dies deshalb, weil insbesondere die weniger brauchbaren und die völlig unbrauchbaren Testaufgaben als solche erkannt werden!

---

[24] Vgl. S. 35, 50, 53 und 59.

Umständlich und zeitlich aufwendig, zudem Aufgabe 3 als wenig brauchbar kennzeichnend, ist das Vorgehen nach Stanley und Hopkins. Durchaus brauchbare Werte liefert die besonders einfache und wenig Zeit benötigende Art der Trennschärfeberechnung nach Diederich. Vergleichsweise gering ist der Aufwand zur Berechnung von T_Φ, wenn sie mit Hilfe der Nomogramme auf den Seiten 47 – 49 geschieht. Mit ihnen ist es möglich, auch Aufgaben zu berücksichtigen, für die Punktwerte > 1 vergeben wurden! Hinzu kommt, dass auch die Ermittlung des biserialen Korrelationskoeffizienten durch die Berechnung der Standardabweichung aus

$$s_x = \sqrt{\frac{\Sigma x^2}{N} - \left(\frac{\Sigma x}{N}\right)^2}$$ erleichtert wird. [25]

2.7 Frickes lernzielorientierter Ü-Koeffizient

Bei der Trennschärfeberechnung nach Fricke wurde – ebenso wie beim Vorgehen nach Stanley und Hopkins, Diederich und mit dem T_Φ-Wert – die Zahl der Probanden medianhalbiert. [26] Der von Fricke in direktem Bezug zu lernzielorientierten Tests entwickelte Übereinstimmungskoeffizient Ü erlaubt es den einen Test Auswertenden, entsprechende Lernziele festzulegen. Zum Beispiel mögen,

---

[25] Vgl. S. 30f.
[26] Vgl. S. 37.

um das Lernziel zu erreichen, 6 von 8 Aufgaben gelöst worden sein:

Auf-gabe	Proband															
	1	2	3	4	5	6	7	8	9	10	11	12	13	14	15	16
	Aufgabe gelöst: 1 oder Aufgabe nicht gelöst: 0 Lehrziel erreicht: + oder Lehrziel nicht erreicht: −															
1	1	1	1	1	1	1	1	0	1	0	0	1	0	0	0	0
	+	+	+	+	+	+	+	−	−	−	−	−	−	−	−	−
2	1	1	1	1	1	0	1	1	1	0	1	0	0	0	0	0
	+	+	+	+	+	+	+	−	−	−	−	−	−	−	−	−
3	1	1	1	1	0	1	1	1	0	1	0	0	1	1	0	0
	+	+	+	+	+	+	+	−	−	−	−	−	−	−	−	−
4	1	0	1	0	0	0	0	0	0	0	0	0	0	0	0	0
	+	+	+	+	+	+	+	−	−	−	−	−	−	−	−	−
5	1	1	0	1	1	1	1	0	1	1	0	0	0	0	0	0
	+	+	+	+	+	+	+	−	−	−	−	−	−	−	−	−
6	1	1	1	1	1	1	1	1	0	1	1	1	1	1	1	1
	+	+	+	+	+	+	+	−	−	−	−	−	−	−	−	−
7	1	1	1	1	1	1	0	1	1	0	1	0	0	0	0	0
	+	+	+	+	+	+	+	−	−	−	−	−	−	−	−	−
8	1	1	1	1	1	1	1	1	0	1	0	0	0	0	0	0
	+	+	+	+	+	+	+	−	−	−	−	−	−	−	−	−

Wie bei der Trennschärfeberechnung mit Frickes Ü-Koeffizient ergeben sich auch bei lernzielorientierter Messung recht hohe Werte, und auch hier sind die Aufgaben 3, 4 und 6 nicht trennscharf:

Aufgabe Nr.	Chi^2	trennscharf [27]		$Ü = \frac{a+d}{N}$
		ja	nein	
1	6,39	x		0,81
2	2,13	x		0,94
3	8,53		x	0,75
4	17,07		x	0,50
5	4,27	x		0,88
6	14,93		x	0,56
7	6,40	x		0,81
8	2,13	x		0,94

[27] Für df = N = 16 und Chi^2 – Werte < 7,96 sind die Aufgaben trennscharf.

2.8 Zusammenfassung der verschiedenen Möglichkeiten zur Berechnung des Trennschärfekoeffizienten

Berechnung mit/nach	Faktor	Formel
Punktbiserialer Korrelationskoeffizient r_{pb}	1	$r_{pb} = \dfrac{\overline{X}_R - \overline{X}_F}{s_x} \cdot \sqrt{\left\| \dfrac{x_R \cdot x_F}{N^2} \right\|}$
T_Φ	0,67	$T_\Phi = \dfrac{a - c}{N} \cdot \dfrac{1}{\sqrt{P - P^2}}$
Stanley und Hopkins	0,5	$D = P_{hoch} - P_{niedrig}$
Diederich	1,5	$b - s$
Fricke	0,4	$\ddot{U} = \dfrac{a+d}{N}$

Die Faktoren 0,67, 0,5, 1,5 und 0,4, mit denen die Formeln zur Berechnung des jeweiligen Trennschärfekoeffizienten zu multiplizieren sind, um annähernd den Wert des punktbiserialen Korrelationskoeffizienten zu erreichen, sollte in zahlreichen Untersuchungen mit größeren Probanden- und Aufgabenzahlen überprüft werden.

3 Distraktorenanalyse

3.1 Herkömmliche Verfahren

Eine vollständige Aufgabenanalyse umfasst, hieran sei kurz erinnert, die Bestimmung des Schwierigkeitsgrades, der Trennschärfe und der Distraktorenqualität, um festzustellen, ob die vorgegebenen Falschantworten plausible Alternativen zu richtigen bzw. besten Antworten darstellen. Als gute Distraktoren (lat. distrahere = zerstreuen, schwankend machen, nach verschiedenen Richtungen hinziehen) gelten Alternativantworten, die eindeutig falsch, dennoch aber in hohem Maße plausibel sind, so dass sie auf Probanden, die die richtige Lösung nicht kennen, eine gewisse Anziehungskraft ausüben. [28] Sofern Aufgabenanalysen vorgelegt werden, enthalten sie meist nur Indikatoren des Schwierigkeitsgrades und der Trennschärfe einzelner Items; denn zur Bestimmung des Schwierigkeitsgrades und der Trennschärfe gibt es relativ einfach handhabbare und objektiven Kriterien genügende Rechenverfahren, nicht aber zur Überprüfung der Distraktorenqualität.

Hinweise zur Durchführung von Distraktorenanalysen reichen vom Vorschlag einer bloß inspektiven Beurteilung [29] über die Einschätzung, dass Berechnungen nicht unbedingt notwendig seien und lediglich geprüft werden müsse, ob ein Distraktor eher von den „schlechten" als von den „guten" Schülern für die richtige Antwort gehalten werde, [30] bis zu dem Vorschlag festzustellen, ob die auf die einzelnen Distraktoren entfallenden Antworten mit etwa

---

[28] Vgl. Lienert 1969, S. 34.
[29] Vgl. Kleber 1976, S. 242 und Rapp 1975, S. 141.
[30] Vgl. Rosemann 1975, S. 208 und Schelten 1980, S. 136f.

65

gleicher Häufigkeit bzw. Wahrscheinlichkeit auftreten. [31] Keines dieser Argumente trägt direkt dazu bei, eine möglichst objektive Methode der Distraktorenanalyse zu entwickeln: Die bloß inspektive Betrachtung der Falschantworten lässt subjektiven Einschätzungen völlig freien Raum, und die einfache Feststellung, ob ein Distraktor häufiger von den „guten" oder von den „schlechten" Schülern gewählt worden ist, sagt noch nichts über die statistische Relevanz der Häufigkeitsunterschiede aus. Der Vorschlag von Gaude/Teschner und Lienert, dafür Sorge zu tragen, dass die Falschantworten sich möglichst gleichmäßig auf die einzelnen Distraktoren verteilen, läuft auf eine globale Überprüfung der Antwortverteilungen nach Art z.B. des Chi^2-Anpassungstestes hinaus, mit dessen Hilfe dann Aussagen darüber gemacht werden können, mit welcher Wahrscheinlichkeit die Häufigkeit der gewählten Antwortalternativen, und zwar deren Verteilung *insgesamt*, als noch gleichverteilt angesehen werden kann. Inwieweit die Besetzungen *einzelner* Distraktoren zur Wahrscheinlichkeit des Vorliegens oder des Abweichens von einer Gleichverteilung beitragen, und welche einzelnen Distraktoren bei anzunehmender Abweichung von der Gleichverteilung als unter- oder überbesetzt gelten müssen, darüber sagt dieser Test nichts aus.

Soweit übersehbar, enthält die einschlägige Literatur zu Fragen der sogenannten objektivierten Leistungsmessung nur den nicht näher begründeten Hinweis auf eine „Zehn- bis Fünfzig-Prozent-(Faust)-Regel", nach der es erlaubt sein soll, die einzelnen Distraktoren direkt zu begutachten: „Für die Distraktorenprüfung gelten *allgemein* [Hervorhebung vom Verfasser] folgende Regeln: Kein Distraktor

---

[31] Vgl. Gaude undTeschner 1973, S.109 sowie Lienert 1969, S.34 und Lienert/ Raatz 1998, S.102f.

sollte mehr als die Hälfte aller Falschlösungen aufweisen."[32] Allgemein kann diese Regel schon deshalb nicht gelten, weil sie bei einer Distraktorenzahl von d = 3 zu widersprüchlichen Ergebnissen führt.[33] Die Allgemeingültigkeit der 10- bis 50%-Regel einschränkend empfiehlt Seelig, dass „ein übliches Verfahren je vier Wahlmöglichkeiten umfassen [sollte] … Die Gesamtzahl der Ankreuzungen, die auf die Distraktoren entfallen, häng[e] vom Schwierigkeitsgrad der Aufgabe ab. Der Rest aller Ankreuzungen soll[te] sich … möglichst gleichmäßig über die drei Distraktoren verteilen. Und zwar soll[t]en sich auf keinen Distraktor mehr als die Hälfte aller falschen Antworten konzentrieren, und auf alle soll[ten] mindestens ein Zehntel aller falschen Anstreichungen entfallen."[34] Ingenkamp schließlich weist darauf hin, dass kein Distraktor von weniger als 5 % der Getesteten gewählt werden sollte.[35]

Weder die von Schröder unterstellte allgemeine Gültigkeit und die von Seelig vorgeschlagene Möglichkeit zur Verwendung der 10- bis 50%-Regel bei Multiple-Choice-Aufgaben mit drei Distraktoren bei insgesamt vier Wahlmöglichkeiten, noch der Vorschlag von Ingenkamp kann bestehen im Vergleich zu den nachfolgenden mathematisch-statistischen Analysemethoden, mit deren Hilfe es möglich ist, aussagefähige Intervallgrenzen für das Vorliegen einer Gleichverteilung jedes *einzelnen* Distraktors zu bestimmen[36]. Dem nachzugehen lohnt, weil der Schwierigkeits- und Komplexitätsgrad sowie die Ratewahrscheinlichkeit eines Items entscheidend durch die Wahl der Distraktoren bestimmt werden kann.[37]

---

[32] Schröder 1974, S. 154.
[33] Vgl. .Michelsen 2015, S. 5.
[34] Seelig 1971, S. 256 und 259.
[35] Vgl. Ingenkamp 1985, S. 123.
[36] Vgl. Michelsen 2015.
[37] Vgl. Rost 2004, S. 62f. Ebenso Bortz und Döring 2006, S.214.

3.2 Gleichverteilung der Falschantworten

Ob Distraktorenbesetzungen auch bei relativ kleiner Zahl von Falschantworten mit $N_F \leq 30$ als gleichverteilt gelten können, lässt sich mit Hilfe der Binomialverteilung feststellen; denn die Binomialverteilung eignet sich zur Beschreibung von Ereignissen, die in zwei Klassen eingeteilt werden können (z.B. Probanden haben einen Distraktor angekreuzt oder nicht angekreuzt), die unabhängig voneinander sind und sich wechselseitig ausschließen. Die Berechnung der Wahrscheinlichkeiten mit Hilfe der Binomialverteilung ist recht zeitraubend und, darüber hinaus, für große Werte von N_F sehr aufwendig. Im Anhang, auf Seite 78, ist daher ein Programm zur Ermittlung der Vertrauensgrenzen von Distraktorenbesetzungen aufgelistet, das Ulrich Schöllermann im Rahmen einer vom Autor betreuten Staatsexamensarbeit für den programmierbaren Taschenrechner TI 59 erstellt hat. [38]

Wenn, nach Pfanzagl,

$$N_F \geq \frac{9}{P(1-P)}$$

mit $P = \frac{1}{d}$, wobei d = Zahl der Distraktoren, kann das Vertrauensintervall für das Vorliegen einer Gleichverteilung bei einem Multiple-Choice-Test mit einer Bestantwort und d = 2 oder mehr Distraktoren sowie einer Irrtumswahrscheinlichkeit von 5 % auch mit Hilfe der Normalverteilung berechnet werden. [39]

---

[38] Vgl. Schöllermann 1982, S. 22 – 25 und 28ff.
[39] Vgl. Pfanzagl 1967, S. 69.

Dann gilt:

$$x_{1,2} = N_F \cdot P \pm 1{,}96 \left| \sqrt{N_F \cdot P \cdot (1 - P)} \right|$$

Beispielhaft werden die x-Werte für $N_F = 41$ und $d = 3$ berechnet:

$$x_1 = 41 \cdot 0{,}33 - 1{,}96 \left| \sqrt{41 \cdot 0{,}33 \cdot (1 - 0{,}33)} \right|$$

$$= 7{,}8 \rightarrow 8 \ [40]$$

$$x_2 = 41 \cdot 0{,}33 + 1{,}96 \left| \sqrt{41 \cdot 0{,}33 \cdot (1 - 0{,}33)} \right|$$

$$= 19{,}4 \rightarrow 19$$

Somit gelten Werte, die zwischen 8 und 19 liegen mit einer Irrtumswahrscheinlichkeit von 5 % als gleichverteilt.

Abschließend kann festgestellt werden, dass die in der einschlägigen Literatur zuweilen als allgemeingültig bezeichnete 10 – bis 50% – Regel zur Bestimmung der Vertrauens-grenzen von Distraktorenbesetzungen [41] nur dann

---

[40] Weil für die als gleichverteilt geltenden Distraktorenbesetzungen ganzzahlige Werte vorliegen müssen, wird der niedrigere x_1-Wert auf die nächsthöhere ganze Zahl aufgerundet und der höhere x_2-Wert auf die nächst niedrigere ganze Zahl abgerundet.

[41] Vgl. Schröder 1974, S.154.

angewendet werden darf, wenn Aufgaben mit 3 Distraktoren gestellt worden sind und wenn nicht wesentlich mehr als 25 Probanden (etwa Klassenstärke) eine Aufgabe nicht gelöst haben. Für informelle teacher-made Tests, bei denen N_F den Wert 25 wohl kaum überschreiten wird, genügt die Faustformel

$$x_1 = 0,5^d \cdot N_F \text{ und } x_2 = 0,8^d \cdot N_F \text{ [42]}$$

3.3 Tabellierung der Distraktorengrenzen

N_F	Zahl der Distraktoren d							
	2		3		4		5	
	x_1	x_2	x_1	x_2	x_1	x_2	x_1	x_2
1	0	0	0	0	0	0	0	0
2	0	1	0	1	0	1	0	0
3	0	2	0	1	0	1	0	1
4	0	3	0	2	0	2	0	1
5	0	3	0	3	0	2	0	2
6	1	4	0	3	0	2	0	2
7	1	5	0	4	0	3	0	2
8	2	6	1	5	0	3	0	3
9	2	6	1	5	0	3	0	3
10	2	7	1	5	0	4	0	3
11	2	7	1	6	0	5	0	4
12	3	8	1	6	0	5	0	4
13	3	9	1	6	0	5	0	5
14	4	10	2	7	0	6	0	5
15	4	10	2	8	1	6	0	5

---

[42] Auch hier ist der Text von Fußnote 40 auf S. 69 zu beachten!

N_F	Zahl der Distraktoren d							
	2		3		4		5	
	x_1	x_2	x_1	x_2	x_1	x_2	x_1	x_2
16	5	11	2	8	1	6	0	5
17	5	11	2	9	1	6	0	5
18	5	12	3	9	1	7	1	6
19	5	12	3	9	2	8	1	6
20	6	13	3	10	2	8	1	6
21	6	14	3	10	2	8	1	7
22	7	15	3	10	2	8	1	7
23	7	15	4	11	2	9	2	8
24	8	16	4	11	2	9	2	8
25	8	16	4	12	2	9	2	8
26	8	17	5	13	2	9	2	8
27	8	17	5	13	3	10	2	8
28	9	18	5	13	3	10	2	9
29	9	18	5	14	3	11	2	9
30	10	19	5	14	3	11	2	9
31	10	20	5	14	4	12	2	9
32	11	21	6	15	4	12	2	9
33	11	21	6	15	4	12	3	10
34	12	22	6	15	4	12	3	11
35	13	22[43]	7	16	4	13	3	11
36	13	22	7	16	4	13	3	11
37	13	23	7	17	4	13	3	11
38	13	24	8	18	4	13	3	12
39	14	24	8	18	5	14	4	12
40	14	25	8	18[43]	5	14	4	12
41	15	25	8	18	5	14	4	12
42	15	26	9	18	5	15	4	13
43	16	26	9	19	6	16	4	13

[43] Da $N_F \cdot P \cdot (1 - P) \not\geq 9$ ist (vgl. S. 68), wird x_1 und x_2 bis zu dieser Grenze mit Hilfe der Binomialverteilung berechnet. Wenn $N_F \cdot P \cdot (1 - P) \geq 9$ ist, (Pfanzagl - Kriterium), liefert die Normalverteilung eine gute Näherung der Binomialverteilung.

N_F	Zahl der Distraktoren d							
	2		3		4		5	
	x_1	x_2	x_1	x_2	x_1	x_2	x_1	x_2
44	16	27	9	19	6	16	4	13
45	16	28	9	20	6	16	4	13
46	17	28	10	20	6	16	4	13
47	17	29	10	21	7	17[44]	4	13
48	18	29	10	21	7	17	5	14
49	18	30	10	21	7	17	5	14
50	19	30	11	22	7	17	5	14
51	19	31	11	22	7	17	5	15
52	19	32	11	22	7	18	5	15
53	20	32	11	23	8	18	6	16
54	20	33	12	23	8	18	6	16
55	21	33	12	24	8	19	6	16
56	21	34	12	24	8	19	6	16[44]
57	22	34	13	24	8	19	6	16
58	22	35	13	25	9	19	6	16
59	22	36	13	25	9	20	6	16
60	23	37	13	26	9	20	6	17

Wenn z. B. bei einer Alternativantwort mit d = 3 Distraktoren N_F = 14 beträgt und der betrachtete Distraktor 8 mal gewählt worden ist, müsste dieser Distraktor als überbesetzt gelten (vgl. S. 70).

---

[44] Da $N_F \cdot P \cdot (1 - P) \gtrless 9$ ist, wird x_1 und x_2 bis zu dieser Grenze mit Hilfe der Binomialverteilung berechnet. Wenn $N_F \cdot P \cdot (1 - P) \geq 9$ ist, (Pfanzagl-Kriterium), liefert die Normalverteilung eine gute Näherung der Binomialverteilung.

4 Literatur

Bortz, Jürgen und Döring, Nicola: Forschungsmethoden und Evaluation für Human- und Sozialwissenschaftler. Heidelberg 2006.

Diederich, Paul B.: Statistische Kurzverfahren zur Analyse informeller Tests. In: Chauncey, Henry and Dobbin, John E.: Der Test im modernen Bildungswesen. Ernst Klett Verlag. Stuttgart 1968, S. 147 – 175.

Ebel, Robert .L.: Essentials of Educational Measurement. Englewood Cliffs. New Jersey 1972.

Fan, Chung-Teh: Item Analysis table. A table of item-difficulty and item-discrimination indices for given proportions of success in the highest 27 per cent and the lowest 27 per cent of a normal bivariate population. Copyright 1952, Educational Testing Service. Printed in the United States of America.

Fricke, Reiner: Testgütekriterien bei lehrzielorientierten Tests (Ein Maß zur Bestimmung von Objektivität, Zuverlässigkeit, Gültigkeit und Trennschärfe bei lehrzielorientierten Tests). In: Strittmatter, Peter (Hrsg.): Lernzielorientierte Leistungsmessung. Beltz Verlag. Weinheim und Basel 1973, S. 115 – 135.

Gaude, Peter und Teschner, Wolfgang-P.: Objektivierte Leistungsmessung in der Schule. Einsatz informeller

Tests im leistungsdifferenzierenden Unterricht. Frankfurt/Main, Berlin und München 1973.

Heller, Kurt und Rosemann, Bernhard: Planung und Auswertung empirischer Untersuchungen. Eine Einführung für Pädagogen, Psychologen und Soziologen. Ernst Klett Verlag. Stuttgart 1974.

Ingenkamp, Karlheinz: Lehrbuch der Pädagogischen Diagnostik. Weinheim u.a. 1985.

Kleber, Eduard W. u.a.: Beurteilung und Beurteilungsprobleme. Eine Einführung in Beurteilungs- und Bewertungsfragen in der Schule. Weinheim und Basel 1976.

Lienert, Gustav Adolf: Testaufbau und Testanalyse. Weinheim, Berlin und Basel 1969.

Lienert, Gustav Adolf und Raatz, Ulrich: Testaufbau und Testanalyse. Weinheim 1998.

Michelsen, Uwe Andreas: Prüfungsverfahren im Fernmeldehandwerk. Endbericht eines vom Bundesminister für das Post- und Fernmeldewesen vergebenen Forschungsauftrages. Darmstadt 1981.

Michelsen, Uwe Andreas: Schwierigkeitsgrad und Trennschärfekoeffizient für Aufgaben mit Mehr-Punkt-Bewertung. In: technic-didact, Beiträge zur Ausbildungspraxis in technischen Lehrfächern, Jg. 8 (1983), H. 3, S. 195 – 205.

Michelsen, Uwe Andreas und Binstadt, Peter: Ein strukturanalytisches Modell zur Bestimmung des logischen Schwierigkeitsgrades. Ein Beitrag zur Sequenzierung von Lerninhalten. In. Zeitschrift für empirische Pädagogik und Pädagogische Psychologie, Jg. 9 (1985), S. 55 – 87.

Michelsen, Uwe Andreas und Schöllermann, Ulrich: Distraktorenanalyse. Ein Beitrag zur Konstruktion von Alternativantworten. Shaker Verlag. Aachen 2015.

Quereski, Mohammed Y. and Fisher, T. L.: Logical versus empirical estimates of item difficulty. In: Educational and Psychological Measurement 37 (1977), p. 91 - 110.

Rapp, G.: Messung und Evaluierung von Messergebnissen in der Schule. Bad Heilbrunn/Obb. 1975.

Rosemann, Bernhard: Konstruktion und Einsatz Informeller Tests zur Leistungsbeurteilung (Lernzielkontrolltests) In: Leistungsbeurteilung in der Schule. Hrsg. v. Kurt Heller. Heidelberg 1975.

Rost, Jürgen: Lehrbuch Testtheorie – Testkonstruktion. Bern 2004.

Scannell, Dale Paul und Tracy, Dick B.: Testen und Messen im Unterricht. Wege zu einer differenzierten Überprüfung kognitiven und affektiven Lernens. Aus dem Amerikanischen übersetzt von Helmut Dreesmann und Astrid Schick. Weinheim und Basel 1977.

Schelten, Andreas: Testbeurteilung und Testerstellung. Grundlagen der Teststatistik und Testtheorie für Pädagogen und Ausbilder der Praxis. Franz Steiner Verlag. Stuttgart 1997.

Schöllermann, Ulrich: Zur Entwicklung rationaler Kriterien der Distraktorenanalyse. Wissenschaftliche Hausarbeit für das Lehramt an beruflichen Schulen gewerblich-technischer Fachrichtung. Technische Hochschule Darmstadt, Institut für Berufspädagogik. Darmstadt 1982.

Schröder, Hartwig: Leistungsmessung und Schülerbeurteilung. Ernst Klett Verlag. Stuttgart 1974.

Seelig, Günther F.: Arbeitsanweisung für objektivierte Prüfungsleistungen. In: Unterrichtsplanung – Beispiel Hauptschule Hrsg. v. Ulrich-Johannes Kledzig. Hannover 1971, S. 243 – 266.

Stanley, Julian. C. and Hopkins, Kenneth. D.: Educational and Psychological Measurement and Evaluation. Englewood Cliffs. New Jersey 1972.

Whitney, D. R. and Sabres D. L.: Two Generalizations of the Item Discrimination Index to Multi-Score Items. In: The Journal of Experimental Education 39 (1971), p. 88 – 92.

5 Anhang

5.1 Programm zur Ermittlung der Vertrauensgrenzen von Distaktorenbesetzungen

000	STO	040	GE	076	=
001	21	041	A	077	STO
002	X	042	RCL	078	07
003	RCL	043	00	079	RCL
004	22	044	STO	080	13
005	=	045	01	081	XT
006	STO	046	STO	082	RCL
007	27	047	02	083	07
008	x	048	SBR	084	GE
009	(	049	B	085	RAD
010	1	050	STO	086	RCL
011	−	051	03	087	02
012	RCL	052	RCL	088	STO
013	22	053	13	089	15
014	)	054	XT	090	OP
015	=	055	RCL	091	32
016	STO	056	03	092	0
017	29	057	GE	093	XT
018	RCL	058	DEG	094	RCL
019	27	059	LBL	095	02
020	INV	060	B'	096	INV
021	INT	061	RCL	097	GE
022	XT	062	01	098	π
023	.	063	STO	099	SBR
024	5	064	14	100	B
025	INV	065	OP	101	STO
026	GE	066	21	102	05
027	LNX	067	RCL	103	LBL
028	RCL	068	01	104	x^2
029	27	069	SBR	105	RCL
030	INT	070	B	106	05
031	LBL	071	STO	107	+
032	LOG	069	SBR	108	RCL
033	STO	070	B	109	03
034	00	071	STO	110	=
035	RCL	072	04	111	STO
036	28	073	+	112	08
037	XT	074	RCL	113	RCL
038	RCL	074	RCL	114	13
039	29	075	03	115	XT

116	RCL	161	1	206	21		
117	08	162	−	207	=		
118	GE	163	RCL	208	STO		
119	GRD	164	22	209	17		
120	RCL	165	=	210	INT		
121	03	166	x	211	−		
122	+	167	RCL	212	1		
123	RCL	168	22	213	=		
124	04	169	:	214	STO		
125	+	170	RCL	215	17		
126	RCL	171	21	216	GTO		
127	05	172	=	217	SIN		
128	=	173	√x	218	LBL		
129	STO	174	x	219	B		
130	03	175	RCL	220	STO		
131	RCL	176	10	221	09		
132	13	177	=	222	STO		
133	XT	178	STO	223	20		
134	RCL	179	19	224	RCL		
135	03	180	RCL	225	21		
136	GE	181	22	226	STO		
137	TAN	182	−	227	06		
138	GTO	183	RCL	228	RCL		
139	B'	184	19	229	21		
140	LBL	185	=	230	−		
141	π	186	x	231	RCL		
142	0	187	RCL	232	09		
143	STO	188	21	233	=		
144	02	189	=	234	STO		
145	STO	190	STO	235	24		
146	05	191	18	236	1		
147	GTO	192	INT	237	−		
148	x^2	193	+	238	RCL		
149	LBL	194	1	239	22		
150	LNX	195	=	240	=		
151	RCL	196	STO	241	STO		
152	27	197	18	242	23		
153	INT	198	RCL	243	1		
154	+	199	22	244	STO		
155	1	200	+	245	25		
156	=	201	RCL	246	STO		
157	GTO	202	19	247	26		
158	LOG	203	=	248	LBL		
159	LBL	204	x	249	√x		
160	A	205	RCL	250	RCL		

79

251	06	294	PRD	337	02		
252	XT	295	26	338	R/S		
253	RCL	296	GTO	339	RCL		
254	24	297	$\Sigma+$	340	14		
255	GE	298	LBL	341	R/S		
256	$\Sigma+$	299	DEG	342	RCL		
257	RCL	300	RCL	343	08		
258	06	301	02	344	R/S		
259	PRD	302	R/S	345	RST		
260	25	303	RCL	346	LBL		
261	OP	304	01	347	SIN		
262	36	305	R/S	348	RCL		
263	GTO	306	RCL	349	18		
264	$\sqrt{x}$	307	03	350	R/S		
265	LBL	308	R/S	351	RCL		
266	$\Sigma+$	309	RST	352	17		
267	RCL	310	LBL	353	R/S		
268	09	311	RAD	354	RCL		
269	DSZ	312	RCL	355	13		
270	09	313	02	356	R/S		
271	$\bar{x}$	314	R/S	357	RST		
272	RCL	315	RCL				
273	25	316	14				
274	:	317	R/S				
275	RCL	318	RCL				
276	26	319	03				
277	=	320	R/S				
278	x	321	RST				
279	RCL	322	LBL				
280	22	323	GRD				
281	y^x	324	RCL				
282	RCL	325	15				
283	20	326	R/S				
284	X	327	RCL				
285	RCL	328	01				
286	23	329	R/S				
287	y^x	330	RCL				
288	RCL	331	07				
289	24	332	R/S				
290	=	333	RST				
291	RTN	334	LBL				
292	LBL	335	TAN				
293	$\bar{x}$	336	RCL				

Schritt	Eingaben	Tasten	Ergebnisse	Testrechnung Eingabedaten	Ergebnisse
01	Gewünschtes Vertrauensintervall	STO 13		0,95	
02	Zugehöriger z-Wert	STO 10		1,96	
03	Pfanzagl-Kriterium: $\delta = 9$	STO 28		9	
04	$\dfrac{1}{d}$	STO 22		$(\tfrac{1}{3})$	
05	N_F	STO 21		27	
06		R/S	x_1		5.
07		R/S	x_2		13.
08		R/S	Wert $\le$ VERTR		.9365318016
09 [46]	N_F			33	
10		R/S	x_1		6.
11		R/S	x_2		15.
12		R/S			.9323108169

---

[45] mit dem programmierbaren Taschenrechner Texas Instruments 59.
[46] Vorgehen, wenn nur N_F sich ändert. Bei Änderung weiterer Parameter müssen die entsprechenden Schritte 01, 02, 03, ..., 08 wiederholt werden.

5.3 Berechnung des Vertrauensintervalles von Multiple-Choice-Tests mit einer Bestantwort

Bei den nachfolgenden Berechnungen muss stets auch das Pfanzagl-Kriterium, wonach $\sqrt{N_F \cdot P \cdot (1 - P)} \geq 9$ ist, erfüllt sein:

1. Bei einem Multiple-Choice-Test mit einer Bestantwort und d = 2 Distraktoren kann das Vertrauensintervall dafür, dass die Besetzung einzelner Distraktoren als noch gleichverteilt gelten darf, mit Hilfe der Chi^2-Verteilung wie folgt berechnet werden:

$$x_{1,2} = \frac{1}{2} \cdot \left[N_F \pm 1{,}96 \cdot \left| \sqrt{N_F} \right| \right],\ [47]$$

wobei N_F der Zahl aller auf einen Distraktor entfallenden Falschantworten entspricht und die Irrtumswahrscheinlichkeit 5 % beträgt.

2. Bei einem Multiple-Choice-Test mit einer Bestantwort und d = 3 oder mehr Distraktoren wird das Vertrauensintervall dafür, dass die Besetzung einzelner Distraktoren gleichverteilt ist und die Irrtumswahrscheinlichkeit 5 % beträgt, mit Hilfe der Chi^2-Verteilung berechnet mit

$$x_{1,2} = \frac{N_F}{d} \pm 1{,}731 \cdot \left| \sqrt{\frac{N_F}{d}} \right|\ [47]$$

---

[47] Weil für die als gleichverteilt geltenden Distraktorenbesetzungen ganzzahlige Werte vorliegen müssen, wird der niedrigere x_1-Wert auf die nächsthöhere ganze Zahl und der höhere x_2-Wert auf die nächstniedrigere ganze Zahl gesetzt.

3. Mit P = 100 : d kann das Vertrauensintervall für das Vorliegen einer Gleichverteilung bei einem Multiple-Choice-Test mit einer Bestantwort und d = 2 oder mehr Distraktoren sowie einer Irrtumswahrscheinlichkeit von 5 % mit Hilfe der Normalverteilung berechnet werden. Es gilt:

$$x_{1,2} = N_F \cdot P \pm 1{,}96 \cdot \left| \sqrt{N_F \cdot P \cdot (1 - P)} \right|$$ [48]

4. Die zuweilen als allgemeingültig erachtete 10 – 50% –Regel, nach der kein Distraktor weniger als 10% und nicht mehr als 50% aller auf eine Alternativaufgabe entfallenden Falschantworten enthalten sollte, gilt nur bei nicht allzu großer Zahl von Falschantworten ($N_F \leq 25$) mit hinreichender Genauigkeit bei Multiple-Choice-Tests mit Bestantwort und 3 Distraktoren [49]

5. Als ein für informelle teacher-made-Tests mit $N_F \leq$ 25 Falschantworten brauchbares Instrument zur Distraktorenanalyse von Mehrfachwahlaufgaben mit Bestantwort und d = 2 bis 5 Distraktoren dient folgende Faustformel zur Berechnung der Distraktorenbesetzungen N_d:

$$0{,}5^d \cdot N_F \leq N_d \leq 0{,}8^d \cdot N_F$$ [50]

---

[48] Vgl. S. 69.
[49] Vgl. Michelsen und Schöllermann 2015, S. 23f.
[50] Vgl. S. 70.